高等院校设计学类专业系列教材

园林景观设计

方案 施工图 建造

第二版

Art
and
Design

张宏明　路　培　王　艳　著

化学工业出版社

·北京·

内容简介

本书从新时代园林景观行业发展的实际需求出发，以努力培养造就创新型一流人才、大国工匠为目标，理论联系实际，融入新标准、新工艺、新材料，完整而细致地介绍了园林景观设计与施工的全过程。全书主要分为四章：园林景观设计概述、园林景观方案设计、园林景观施工图设计、施工建造及实景效果，并配有实际案例的设计方案、施工图、建造过程及实景图片，此外还总结了诸多设计技巧、施工经验，试图通过图文并茂的形式，让读者更直观地了解园林景观设计的整个设计思路和实际过程。为便于数字化教学，本书配套课件、教学大纲、教案，可登录化工教育网注册后下载使用。

本书适用于高等院校环境设计、风景园林、城市规划、建筑设计等专业教学，也可作为相关行业设计及施工人员的参考用书。

图书在版编目（CIP）数据

园林景观设计：方案 施工图 建造/张宏明，路培，王艳著. —2版. —北京：化学工业出版社，2024.2
ISBN 978-7-122-44535-3

Ⅰ. ①园… Ⅱ. ①张…②路…③王… Ⅲ. ①园林设计-景观设计 Ⅳ. ①TU986.2

中国国家版本馆CIP数据核字（2023）第231378号

责任编辑：张　阳　　　　　　　　　　　　装帧设计：尹琳琳　程　超
责任校对：王鹏飞

出版发行：化学工业出版社（北京市东城区青年湖南街13号　邮政编码100011）
印　　装：河北鑫兆源印刷有限公司
787mm×1092mm　1/16　印张10¼　字数224千字　2024年3月北京第2版第1次印刷

购书咨询：010-64518888　　　　　　　售后服务：010-64518899
网　　址：http://www.cip.com.cn
凡购买本书，如有缺损质量问题，本社销售中心负责调换。

定　　价：59.00元

前言
PREFACE

随着整个园林景观设计行业的不断成熟和发展，园林景观设计与工程进入高质量、创新性发展的新时代。在美丽中国建设的大背景下，园林景观设计应坚持推动绿色发展，促进人与自然和谐共生的理念，尊重自然，顺应自然，保护自然。这不仅要求设计者在设计阶段能够准确定位，巧妙构思，细致入微地开展工作，还要求设计者能紧密联系场地实际，将推进生态优先、节约集约、绿色低碳发展落地实施。基于这样的时代要求，编写团队在第一版教材的基础上，结合新时代园林景观设计的新趋势、新要求、新方法，将多年的工作经验及经典案例资料整理并撰写成书，希望能为广大园林景观设计、工程的师生与从业者提供一定的帮助。

在整个园林景观设计、施工过程中，初步方案设计是项目开展的初始环节，准确的设计定位、巧妙的设计构思是方案得以深化进行的前提；扩初设计是进一步进行深化细化的重要环节，不单是明确各设计细节的质感、材质、尺寸等，更要从造型、外观、质量等方面考虑，积极地对方案设计进行再创造。

施工图设计是工程实施的一个重要内容。好的施工图是工作的总体规划，是作业人员实际操作的蓝图，是进行投标报价的基础，也是进行工程结算的凭据，还是编制工程施工计划、物资采购计划、资金分配计划、劳动力组织计划等的依据。它不仅承载着设计者的设计理念和心血，也直接影响着施工效果，影响着整个园林景观的结构空间和生态有机体，是整个工程设计中最绚丽的一笔。

施工建造过程实际上是以设计方案为蓝本，以施工图纸为依据，将设计师的设计方案变成实景的过程。这一过程首先需要施工人员与设计师接洽，准确理解设计意图，通过一系列的施工组织与管理，将图纸变为现实。

由此看来，在园林景观设计实践中，设计、施工图、施工建造的紧密结合十分重要。明代造园家计成在他所著的《园冶》中写到"虽由人作，宛自天开"。我国的自然山水园林的原型都是大自然，通过"师法自然"来展现优美的园林画境与意境，而这种"以造化为师"的造景手法对设计与施工都提出了更高的要求。这就需要从业者们既能够掌握良好的专业技能，同时还能传承我国优秀的传统园林文化与精神，并进行创造性转化。

园林景观设计生涯永远不会像掌握某项技能后坐收回报那样简单，它是一个不断成长和不断学习的旅程。希望本书能够为广大读者开启深入学习和了解园林景观设计与施工的一扇门。为便于数字化教学，本书配套课件、教学大纲、教案，可登录化工教育网注册后下载使用。需要说明的是，书中有大量施工图源于真实项目，其中个别处由于制作不严谨，可能存在不符合出版规范的现象。

得益于广大院校师生的支持与专家的认可，本书入选2022年全国技工教育规划教材，在此向大家表示衷心感谢！本书由张宏明、路培、王艳著，其中张宏明负责第1、2章内容，路培、王艳负责第3、4章内容。在新版图书出版之际，感谢为本书撰写提供大力支持与帮助的同仁曹虎，同时也要感谢张剑、宋悦、方荣昊等的辛苦付出。笔者自知学识浅疏，如有不妥之处，还望不吝指正。

著者

目录

Contents

1

园林景观设计概述

学习目标

1. 通过对园林景观设计的初步认知和赏析，提升园林设计的艺术美感素养。

2. 了解园林景观设计的起源和构思，熟悉园林景观设计的构图思路，掌握园林景观设计的基本技巧和方法。

3. 具备园林景观设计的基本构思能力和初步构景能力。

园林景观设计是多项工程相互协调的综合设计，就其复杂性来讲，要考虑土建、水电、绿化等各个方面。了解掌握各种法则、法规，才能在具体的设计中，运用好各种园林景观设计元素，安排好项目中每一地块的用途，设计出符合土地使用性质、满足客户需要、实用性强的方案。

园林景观设计工程一般以建筑为硬件，以绿化为软件，以水景为网络，以小品为节点，采用各种专业技术手段辅助实施设计方案。

1.1   初识园林景观设计

在一定的地域运用工程技术和艺术手段，通过改造地形（或进一步筑山、叠石、理水）、种植树木花草、营造建筑和布置园路等途径创作而成的美的自然环境和游憩境域，称为园林景观设计。

1.1.1   园林景观设计的含义

从宏观意义上讲，园林景观设计是对未来园林景观发展的设想与安排，是用于资源管理与土地规划的有效工具。其主要任务是按照国民经济发展的需求，提出园林景观发展的战略目标、发展规模、速度和投资等。这种宏观意义上的园林景观设计通常由相应的行政部门制定。

从微观意义上讲，园林景观设计是指在某一区域内创建一个由形态、形式等因素构成的较为独立的，具有一定社会文化内涵及审美价值的景物。具体地说，是对某一地区所占用的土地进行安排和对景物要素进行合理的布局与组合（图1-1-1）。

从艺术的角度来讲，园林景观是具有审美价值的景物，它使人从视觉、听觉、触觉等方面都能感受到其存在；从精神文化角度来讲，园林景观是能够影响或调节人精神状态的景物；从生态的角度来讲，园林景观是能够协调人与自然之间平衡的景物。

因此，园林景观设计既要考虑气候、地理等自然要素，又要考虑人工构筑物、历史传统、风俗习惯、地方特色等人文元素，是地域综合情况的反映。

1.1.2   园林景观设计基本属性

（1）自然属性

对园林景观的设计，要求必须形成一个相对独立的空间形态，使之具备形、色、体、光等元素。具体而言，形即空间、造型、位置；色即颜色；体即体积、体块；光即光影。综合这几点可知，园林景观具有可观、可感、可听、可闻、可触的立体多维的自然属性。

> 图1-1-1　河北省首届园博会武强园、饶阳园全景

（2）社会属性

园林景观必须有一定的社会文化内涵，并具有一定的使用功能、观赏功能及改善环境保护生态的功能，借此来引发人的联想、移情等一系列的心理反应，即产生园林景观效应。园林景观效应是指作为审美客体的园林景观与作为审美主体的人之间发生的相互转化关系。

从以上基本属性可知，园林景观设计实际上是关于土地的分析、规划、设计、管理的科学与艺术，是在不同尺度的土地上建立人与自然、人与人、人与精神之间的关系的一门学科。设计师应在充分认识自然自身功能的基础上，通过改造、管理、保护、修复，使自然环境更适合于人居住。

1.1.3　园林景观设计的起源与发展

（1）中国园林景观设计的起源与发展

中国园林出现在商周时期，唐宋时期最为成熟，明清时期最为发达。在漫长的发展史中，中国园林大致可分为古典园林景观时期和现代园林景观时期。其中，中国古典园林景观时期经历了5个阶段：①商周时期，大多是开发原始山林，兼供游赏，即所谓的苑、囿。②春秋战国至秦汉，权贵或富贵者们以自然环境为基础，通过模拟自然美景，增加人造景物，同时将园林与宫殿结合，形成所谓的宫苑，且铺张华丽。③南北朝至隋唐五代，文人以诗画意境作为造园主题，同时渗入了主观的审美理想，布局委婉，富有趣味，耐人寻味。④两宋至明初，古典园林进入了成熟阶段，以山水写意式的文人园为主，诗、画、园林三者相互渗透，赋予园林设计本身以性格；私家园林的造园手法和理念在一定程度上影响了皇家园林的建造；同时，大量经营性邑郊园林和名胜风景区，将私家园林的艺术手法运用到尺度比较大、公共性比较强的风景区中。⑤明中叶至清中叶时期，是古典园林的鼎盛时期，其已在艺术门类中自成一家。这一时期的文人园出现了多种变体，民间造园活动更加普及，私家园林群星璀璨、争奇斗艳，江南园林便是其中的代表，如拙政园、寄畅园等；在清代康熙、乾隆时期最为活跃的是皇家园林，当时正处于康乾盛世，社会稳定、经济繁荣，这为建造大规模写意自然园林提供了有利条件，如清漪园（现颐和园，图1-1-2）、避暑山庄、畅春园等；公共园林在发达地区的规模逐渐扩大，大型园林摹仿大自然的山水，并收集摹仿各地名胜集成一处，形成了园中园、景中景的风格，园林由传统的游玩观赏向可游玩、可居住方面逐渐发展；这一时期出现了许多造园理论著作和造园艺术家。

随着西方列强的入侵、封建王朝的衰颓，中国古典园林一方面继承前一时期的成熟传统而更趋于精致，表现了中国古典园林景观的辉煌成就；另一方面则已多少丧失了前一时期的积极、创新精神，暴露出某些衰颓的倾向，缺失了思想内涵，园林景观中自然的一面被过于人工化的景象取代，表现出盛极而衰的景象。

清末民初，随着封建社会完全解体、历史发生急剧变化、西方文化大量涌入，中国园林景观的发展结束了古典时期，开始进入发展的又一个时期——现代园林景观时期。近现代是中国历史变革最为激烈的一个时期，也是我国现代园林形成和发展的时期。西方文化的大量涌入、科学技术的不断创新，使中国园林景观在这个阶段发生了翻天覆地的变化。在这100多年中，我国的园林景观学科从理论到技术也都有了前所未有的发展。

中国现代园林景观设计将园林布局与整个园林的内容、形式、工程技术、文化艺术融为一体，遵循起、承、转、合的章法，一步一景，弥补了场地的缺陷，自由灵活地进行空间的分隔，并用空间对比、渗透的手法凸显出空间的层次。平缓、含蓄、连贯的节奏充满天然之趣，使自然环境与现实生活协调起来，产生美的意境。

> 图1-1-2　清漪园全景图

> 图1-1-3　亭台实景展示了传统文化与现代造园工艺的碰撞

现代园林景观是对中国传统园林景观的继承与发展。当今的人们已经深刻地认识到，园林景观艺术应充分的尊重传统，有意识地改变忽视自然功能的形式主义设计手法，以自然为主体，根据自然规律进行规划设计，减少对自然的人为干扰，进而形成具有自然活力的人类活动空间。

同时，现代园林利用高科技手段和新环保材料去扩展和延伸观赏者的感知能力，使传统元素和现代元素结合，共同塑造中国古典园林景观的美，并主张摒弃过于奢华铺张的装饰（图1-1-3）。

现代城市广场、公园、居住区内的园林景观，都属于公共景观，服务对象都是人民大众，而私家庭院、会所的园林景观等，服务对象是小众，甚至个人。因此，现代园林景观设计应秉承"以人为本"的理念，在保留中国古典建筑风格的同时，要保障园内所有人的舒适性，从人们感受的共性出发，来布置景观和各类设施。

（2）西方园林景观设计的起源与发展

西方园林的起源可以追溯到公元前3000多年前的古埃及时期，尼罗河谷周边便于灌溉的果蔬园，便是古埃及园林的雏形。种植技术的发展和土地规划能力的提高影响了古埃及园林景观的布局形式。到了公元前16世纪，果蔬园逐渐演变为专供统治阶级享乐的观赏性园林。这些园林有严谨的构图，展现出浓重的人工痕迹，可谓世界上最早的规则式园林。

大约公元前6世纪，建立了民主制的古希腊不但经济大繁荣，且建筑和园林也有了进一步发展。秩序和规律是古希腊美学中美的表现，古希腊园林受其影响而呈规则式布局。古希腊园林最初以实用园为主，随着时代的变迁，慢慢向装饰性、游乐性园林过渡。后由于哲学、宗教、艺术、体育等的发展，其类型更加丰富，大致分为宫廷庭园、住宅景观、公共园林和文人学园等。

　　到公元前1世纪末，意大利半岛、希腊半岛、非洲北部、西亚等地区被古罗马征服，强大的罗马帝国建立。古罗马的造园艺术继承了古希腊的造园艺术成就，添加了西亚造园因素，并且发展了大规模庭院，至此，西方园林的雏形基本上形成了。

　　14～15世纪时，文艺复兴运动将欧洲的园林艺术带入了一个新的发展时期。佛罗伦萨和意大利北部一些城市的郊外乡间遍布贵族富商们的别墅庄园。园林景观多建于山地，连续的台地形成多个观景平台，地形的变化结合借景的手法，营造出引人入胜的效果。几何形的构图将台地与自然环境相互渗透，利用植物作为建筑空间的延伸，使园林景观与周围环境结合得十分自然。

　　法国古典主义园林则使欧洲的规则式园林达到了一个不可逾越的高度。16世纪初法国园林受到意大利文艺复兴园林的影响，加之法国地形平坦，使其规模宏大而华丽、均衡而完美、庄重而典雅。中轴线是法国古典主义园林的景观中心，其中府邸建筑为全园的核心，同时集结了花坛、雕像、泉池等造园观景要素（图1-1-4）。

　　17、18世纪时，英国自然风景园的出现改变了欧洲规则式园林长达千年的统治。由于毛纺工业的发展，英国开辟了许多草场，从而出现了大量天然景观。这些景观摒弃了一切几何形状和对称均齐的布局，代之以弯曲的道路、自然式的植被、蜿蜒的河流，讲究园内和与园外自然环境的相互融合。这一时期，以圆明园为代表的中国园林被介绍到欧洲，部分设计师运用"中国式"的手法，形成所谓的"中英式"园林，在欧洲曾盛行一时。

> 图1-1-4　凡尔赛宫

19世纪后期，由于工业的发展，资本主义国家的城市日益膨胀，人口日益集中，为此在郊野地区兴建别墅园林成为资产阶级的一种风尚。同时，许多学者针对城市建筑过于集中的弊端，提出了城市园林绿化的方案。

第一次世界大战后，造型艺术和建筑艺术中的各种现代流派迭兴，园林也受其影响，出现了"现代园林"——讲究自由布局和空间的穿插，建筑、山水和植物讲究体形、质地、色彩的抽象构图，并吸收了东方庭园的某些手法。

无论中外，园林文化的形成是受多方思想影响的结果，哲学思想、自然观是其中重要的影响因素。整体看来，中西方园林文化在不同哲学思想的影响下产生了独具特色的艺术形式。中国古代哲学思想可谓是"百花齐放、百家争鸣"。受道家的"道法自然"，儒家的"修身、齐家、治国、平天下"以及佛家的"空"等思想的影响，中国古典园林具有严格的空间秩序，修身养性的禅意氛围，在有限的空间范围内表达无限的意蕴，从而达到以小见大、以少胜多、虚实有度、以显喻隐的审美境界。而西方古代的哲学思想强调以人为本，理性地认识自然，并主宰自然。西方古代的黄金分割比等概念的提出已十分明确地表达出了对规则的比例和美学的追求，因而西方古典园林更多地呈现出几何形的规整和人工之美。

中西方园林是世界艺术文化的瑰宝，虽然由于文化、历史背景、地理环境的不同，风格差异甚大，但是随着社会的不断发展，文化的不断交流融合，现代园林景观风格设计形式不必拘于一格，应相互融合，取其精华，综合继承，开拓创新，形成适合时代的园林新局面。

1.2　园林景观设计方法

园林景观艺术是将理论与实践紧密结合的综合性艺术。它不仅体现了人们物质生活上的需求，而更多的是要满足人们精神上的需求。由于景观设计是多方面相互协调的综合设计，其涉及的学科门类相当广泛，如美学、植物学、生态学、建筑学、艺术学、工程学等，这又使得园林景观设计的手法具有多样性特点。

在国内，沿袭古典园林的营造传统，园林景观往往具有独特的审美趣味，在设计时不仅需要考虑土建、水电、绿化等多方面的内容，满足大众对使用功能的需求，更要能够营造出一定的审美意境，满足人们对美的需求。对于设计师而言，除了了解掌握各个学科的标准、法则、法规，还要在具体的设计中运用好各种景观设计元素，以形成合理、完整的方案。就园林景观设计方法而言，可简单归结为以下几个方面。

1.2.1　构思与构图

构思是景观设计最初阶段的重要部分。构思时首先应考虑的是使用功能，充分为使用者创造、规划出令其满意的空间场所，同时尽量减少项目对周围生态环境的干扰，不破坏当地的生态环境。景观设计构思的方法概括起来主要有草图法、模仿法、联想法、奇特性构思法等。

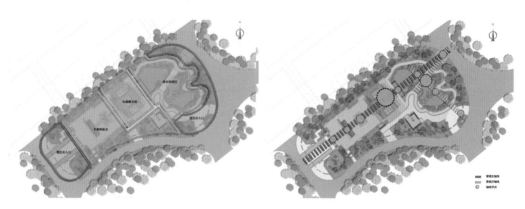

> 图1-2-1　武强园构图

　　构图则始终要围绕着构思出的所有功能进行。景观设计构图包括两个方面的内容，即平面构图组合和立体造型组合。其中平面构图是指将各种造景要素，用平面图示的形式，按比例准确地表现出来（图1-2-1）。立体造型是将场地内所有实体内容，通过三维立体空间塑造出具有审美感受的外观造型。

　　园林景观设计中，有多种可采用的空间变换方法，通过对构图的构思推演可以营造丰富的空间，增添景观效果。

1.2.2　构景

（1）对景

　　所谓"对"，就是相对之意，即相对设景，互为景观，此处相对于彼处，彼处为此处景观，反之亦然。此为中国古老传统阴阳互通之理。对景往往是平面构图与立面造型的视觉中心，对整个景观设计起主导作用。对景可分为正对和互对。在视线的终点或轴线的一个端点设景称为正对，这种情况下的人流与视线的关系比较单一。在视点和视线的一端，或者在轴线的两端设景称为互对，此时，互对景物的视点与人流关系强调相互联系，互为对景。

　　这种景观设计手法在园林中运用广泛，但要做好这种景观实属不易。图1-2-2所示为河北省首届园林博览会之饶阳园，置身园中，向东北仰望，隔着花架绿植，便见"诗经台"耸立其间，反之，人在台中亦可观园内，一仰一俯，可见造园者之匠心独具。

（2）借景

　　对景是相对为景，借景则只借不对，分远借、邻借、仰借、俯借、互借、应时而借。

　　① 远借：将远景借入园中，园外远景较高时，可用利用平视观察视角借景。

　　② 邻借：将园外的景借入园中，邻借须有山体，便于从亭台楼阁俯视或开窗透视。

　　③ 仰借：在园中仰视园外景物，如峦峰、峭壁、邻寺、高塔等，将其借入园中。

　　④ 俯借：登高远望，俯视所借园外或景区外景物。

　　⑤ 互借：两座园林或两个景点之间彼此借助对方的景物（图1-2-3）。

　　⑥ 应时而借：借一年中的某一季节或某一时刻的景物，主要借天文气象景观、植物应季

> 图1-2-2 饶阳园鸟瞰效果图

变化景观和即时动态景观。

《园冶》中指出："园林巧于因借。"借景虽属传统园林手法，但在现代园林景观中，也可借鉴此法，以使景观更有情趣。

（3）隔景

"佳则收之，俗则屏之"是我国古代造园的手法之一。在现代景观设计中，也常常采用这样的思路和手法，将好的景致收入到景观中，将乱差的地方用树木、墙体遮挡起来，此即隔景。隔景分区明确，有实隔、虚隔、虚实相隔三种。

① 实隔：使游园者视线基本上不能从一个空间进入另一个空间，通常以建筑、实墙、山石、密林等分割形成实隔（图1-2-4）。

② 虚隔：使游园者视线可以从一个空间进入另一个空间，通常以水、路、廊、架等形成虚隔。

③ 虚实相隔：使游园者视线有断有续地从一个空间进入另一个空间，通常以岛、桥、漏窗相隔，形成虚实相隔。

> 图1-2-3 武强园"音破云天"借饶阳园之景

> 图1-2-4　园林中的隔景效果

（4）障景

障景是古典园林艺术的一个营造手法，即"一步一景、移步换景"，采用布局层次和构筑木石的方法，达到遮障、分割景物的目的，使人不能一览无余。障景讲究的是景深、层次感，所谓"曲径通幽"，层层叠叠，人在景中，会产生"山重水复疑无路，柳暗花明又一村"之感（图1-2-5）。

> 图1-2-5　饶阳园"饶阳赋"障景效果

（5）引景

引景的"引"即引导之意。通过引景可引起人的好奇心，吸引游园者继续游览景物。漏窗、廊、台阶、弧墙乃至文字等景观都能起到引景的作用，但要运用得当，不能喧宾夺主，这些东西只作引景之用，而非主景（图1-2-6）。例如，颐和园靠近昆明湖的院落内都设有引景漏窗，通过窗可以看到昆明湖的景色，如龙王庙、十七孔桥，但是通过窗不能看到全园的景物，只看到其中的一部分，这会引起游园者的想象和不停游览的兴趣。

> 图1-2-6　饶阳园曲廊引景效果

（6）分景

根据空间表现原理，将景区或景点按一定的方式划分与界定，使得园中有园、景中有景、景中有情，可以使景物形成实中有虚、虚中有实、半实半虚的丰富变化，即现代园林景观中常用的景观分区（图1-2-7）。

（7）夹景

远景在水平方向的视界很宽，但其中又并非都很动人，为了突出理想景色，常常会将左右两侧的树丛、山丘或建筑等作为屏障，使其形成一种左右遮挡的狭长空间，这种手法叫夹景。夹景是运用透视线与轴线来突出对景的手法之一，是一种带有控制性的构景方式，它不但能表现特定的情趣和感染力（如肃穆、深远、向前、探求等），以强化设计构思意境，突出端景地位，而且还能够诱导、组织、汇聚视线，使景视空间得到定向延伸，直到端景的高潮（图1-2-8）。

> 图1-2-7　饶阳园分景效果

> 图1-2-8　狮子林夹景效果

（8）框景

园林中有些门、窗、洞或树枝会形成景框，在不经意间它们往往会把远处的人文或山水景观包含其中，这便形成了框景（图1-2-9）。

> 图1-2-9 拙政园框景效果

（9）漏景

漏景是从框景发展而来的，一般是通过虚隔而看到的景物，如漏窗、漏墙、漏屏风、树林等（图1-2-10）。景物的透泄一方面易于勾起游园者寻幽探景的兴致与愿望，另一方面透泄的景致本身又有一种迷蒙虚幻之美。

漏窗是漏景中最常用的手法，其窗框形式多种多样，根据其窗芯的不同又分为硬景和软景。硬景是指窗芯条为直线，把整个花窗分为若干有角的几何图形；软景是指窗芯呈弯曲状，由此组成的图形无明显的转角。

（10）添景

添景是我国古典园林中建筑构景的方法之一。若眺望远方的自然景观或人文景观时，中间或近处没有过渡景观，就会缺乏空间层次。如果有植物作为中间或近处的过渡点，这处植物便是添景。添景也可以用建筑小品等来构成（图1-2-11）。

> 图1-2-10　饶阳园入口漏景效果图

> 图1-2-11　豫园添景效果图

（11）抑景

中国传统艺术历来讲究含蓄，所以园林造景也绝不会让人一走进门口就先看到最好的景色，最好的景色往往藏在后面，这叫作"欲扬先抑""先藏后露""山重水复疑无路，柳暗花明又一村"。采取抑景的手法，可使园林显得有更有艺术魅力。例如园林入口处常常会迎门挡以假山或照壁来遮蔽美景，这种处理就叫作抑景（图1-2-12）。

> 图1-2-12　饶阳园"琵琶新语"抑景效果

课后实训与思考

1.任选一个园林景观案例，尝试分析空间中的构景形式，要求绘制构景草图，有详细文字分析。

2.思考不同地域之间园林景观的差别，并结合自身所在城市进行分析。

2

园林景观方案设计

学习目标

1. 通过对园林景观设计实例的赏析，提升岗位意识和设计素养。

2. 了解园林景观设计的详细流程，熟悉设计各阶段的知识点，掌握园林景观设计程序及内容。

3. 具备园林景观设计的案例分析能力和初步方案设计能力。

2.1　园林景观设计流程

园林景观设计，从大型城市公园、别墅区、居住小区，到街心绿地、花坛、假山，无论大小都要经过三大阶段，即争取项目阶段，项目设计方案洽谈、落实阶段，项目落地施工阶段。其设计流程具体又可细分为下述几个环节。

2.1.1　设计委托

设计委托环节的时长要根据项目的复杂程度和甲乙双方的关系而定，可长可短。有时要经过艰苦、繁杂的竞标过程，甚至往往被淘汰出局。在这个环节，乙方（竞标公司或个人）需要用到设计师以往的设计作品作为乙方资质证明的补充材料或附件，向甲方（建设单位、招标单位或业主）展示。

这一环节的工作内容主要如下。

① 甲方与乙方达成初步设计意向，设计总监接受任务，收集项目背景资料并分析设计任务。

② 乙方向甲方提供项目建议书（公司简介、案例展示、项目建议）。

③ 促成项目设计委托，达成委托意向。

④ 确认项目主设计师。

2.1.2　基地调查与项目分析

任何一种设计都不能凭空设想，只有在充分了解现实条件和将来趋势的基础上才不会陷入主观盲目，才会使设计更加科学与合理，使施工图纸更加准确与完善。因而，设计师在设计之前必须对甲方（建设单位、招标单位或业主）所提供的各项要求、各种经济技术指标及相应的文件、图纸、参数进行必要的了解和分析，并会同有关人员亲自到现场勘测，与甲方进行必要的了解和沟通，充分掌握、领会甲方的需要和意图。

基地现状调查就是根据甲方提供的基地现状图，对基地进行总体了解，主要内容包括基地自然条件（如地形、水体、土壤、植被）、固有人工设施（如建筑及构筑物、道路、各种管线）、周围环境（环境影响因素）等影响到景观视觉效果及工程施工的各种因素。调查必须深入、细致。高明的设计师还会注意在调查时收集基地所在地区的人文资料（如区内有无纪念地、文物古迹或民间艺术、民间故事、民间文化活动等非物质文化遗产），为方案构思提供素材。

这些资料，如自然环境资料、管线资料、相关规划资料、基地地形图、现状图等，有的可以到相关部门收集。收集现成资料之后，再配合实地调查、勘测，有助于掌握尽可能全面的情况。必要时，还可以拍摄现场照片以留作参考资料。

获得相关资料之后，需要对各种资料进行深入分析，具体包括：基地现状分析，景观资源分析，交通区域分析，当地历史、人文景观分析，规划与建筑设计理念分析，项目市场定位分析，设计条件及甲方要求的合理性分析。

2.1.3　初步方案设计

这一环节的工作主要包括进行功能分区，确定各分区的平面位置，包括交通道路的布置和分级、出入口的确定、主景区的位置和广场、建筑、大景点、公共设施、停车场的安排等内容。本环节绘制的图纸有总平面图、功能分析图和局部构想效果图等。

一般的中、小型工程可以直接进行方案设计。当工程规模较大及所安排的内容较多时，就需要进行整体的用地规划或布置，将大景区划分为数个分景区，然后再分区、分块进行各局部景区或景点的方案设计。

（1）设计构想

和所有的创作一样，设计师在创作之前总会进行思想回顾和立意，将建设单位的各种要求与自己的创作习惯和文化素养相结合，找出它们之间既有联系又有区别的要素，既符合风格的定位又有别于传统的形式，从而闪烁出不同的文化亮点，使人觉得既亲切又新颖，这样就解决了设想中的创意问题。

因此，园林景观设计不是一个简单的即兴之作，需要平时的学习和收集。在设计构想环节，设计者依据大量的文字资料、图片与自己的设计经验，结合基址的实际情况和地域特色及各种经济、技术指标，开始初步勾画出大体设计思路和规划格局。

（2）设计草图

草图是每一次思想的火花、情感的积淀，并不是可有可无的。没有一个高明的设计大师可以抛弃珍贵的草图一挥而就。相反，他们从大量草图中可以找到并发现前所未有的灵感与收获，并依序组成相互关联的内涵与思路，为形成完备的设计构思创造基础。

草图可以快速地记录设计师头脑中的灵感。草图的绘制只需要设计师的手对心中景物的把握，而不需要精确的量化。因此，设计者首先要将构思好的想法以快速简洁的手绘形式在纸上表达出来，从不同的方向、大小、角度进行演绎展示，使人能从草图上清晰认识到并明白将要形成的物质景物。经过对草图的反复推敲、修改后，基本方案确定下来，这样就可以进入电脑制图环节。

（3）电脑制图

电脑制图追求的是以实际尺寸、大小、颜色来展示设计思想，包括绘制图、分析图、文字说明等。这个环节的设计是在已经具备一定的成熟条件之后的工作和创造，是用科学技术的手段来设计表现创意构思，形成具体直观的原理和图像，以此来规范设计。

（4）文本（项目方案书）制作

为了系统完整、形色兼备地表达设计者的思想，并向甲方进行汇报，与之沟通，最后需要将设计说明、设计方案等合订在一起，做成文本的形式。设计方案文本包含了设计者关于该项目的思想结晶。

设计方案文本包括设计说明（现状说明、设计依据、设计目标）、总规划图（现状分析图、景点分析图、交通分析图、人流分析图）、效果图（规划总平面效果图、主景点透视效果图、平面效果图、剖面效果图）、种植图（种植说明，包括现状条件、植物配置、预期效果、植物种植规划图、苗木表）、意向图（灯具、桌椅、垃圾桶、指示牌、植物、标识、雕塑、小品等）、园景的透视图以及表现整体设计的鸟瞰图。

（5）方案设计评审会

项目方案书送交甲方之后，甲方会组织专家进行审查，并提出修改意见。在方案设计评审会上，设计师要在有限的时间内，将项目概况、总体设计定位、设计原则、设计内容、经济和技术指标、总投资估算等诸多方面内容，向甲方和专家们作一个全方位的汇报。在这个环节，设计师可以将自己的设计想法很好地进行宣传，以求得到甲方的认同。首先要将设计指导思想和设计原则讲清楚，然后再介绍设计布局和内容。指导思想的介绍必须与甲方的想法紧密结合，设计内容的介绍要与主导思想相呼应。在某些方面，要尽量介绍得透彻一点、直观化一点，并且一定要有针对性。

2.1.4 扩初设计

在初步方案取得甲方认可之后，设计进入扩初设计（又称详细设计）环节。扩初设计是一种深化设计，需要在原设计的基础上进行一次全面的深入和调整。此时的加工已经不再是原来意义上的修改方案，而是要把设计想法和已经形成的设计成果与建设单位现有的物质、技术、经济、文化等方面的条件进行一次有机的结合，找到最佳的结合点。

在这个环节，设计成果在形式功能上已接近成熟，设计师的思考开始从以形式为主的设计向实质性方向转化。经过一段时间的考虑和再构思，设计不再是单纯的思想设计，而是要对设计者的设计思想在现有条件下是否切实可行进行一次综合处理与评估，也就是可行性的设计，包括技术、材料、资金、人力、环保、文化、后期管理等，还包括设计的工艺、成本是否在节能、增效的范围内，并对原有设计进行检查和完善，使之更具有合理性、完整性、可行性。如有不适合的地方，还得重新修改设计。这一环节是在原来设计基础上的加工，是一次全面综合的检验和完善，以趋利避害，设计出更合理、高效、经济、环保的物质、精神成果，来满足建设单位与社会的需求。

扩初设计要求制作详细、深入的总体规划平面图，总体竖向设计平面图，总体绿化设计平面图，建筑小品的平、立、剖面（标注主要尺寸）图等。最后生成的扩初文本，除上述图纸外，还要提供给排水、电气设计平面图，工程概算表等。扩初文本将被再一次送甲方审查，这时的评审会称扩初评审会。在扩初评审会上，专家将对图纸和文本提出具体的修改意见。

2.2 项目实战——展园园林景观设计

2.2.1 项目概况

本节以河北省首届园林博览会两大展园——武强园、饶阳园为例，进行实战讲解。这里重点介绍武强园。

武强园位于河北省首届园林博览会会场西北部，毗邻饶阳园和深州园，占地面积1524平方米。

武强园提取传统造园手法精髓，通过对武强文化的再创作，并结合县委县政府"音画风尚，文盛武强"设计指导思想，巧妙地利用原始地形地貌，打造丰富的竖向设计内容，深入挖掘千年古县武强文化底蕴，运用新材料、新工艺、新手法，力图展现新时代武强的新面貌（图2-2-1）。

本工程的总工期为100日历天，工程质量要求达到国家施工验收规定的优良标准。

建设单位：武强县人民政府。

设计单位：衡水学院建筑景观研究所。

监理单位：河北省衡水市工程项目管理有限公司、天津市园林建设工程监理有限公司。

施工单位：泰华锦业建筑工程有限公司、河北鹤鸣景观工程有限公司。

> 图2-2-1 "武强园"拢音湖实景

2.2.2 设计立意与设计分析

（1）音画风尚，文盛武强

"音"指的是武强县驰名海内外的金音乐器。在本案设计中以部分金音乐器为设计元素（图2-2-2）。

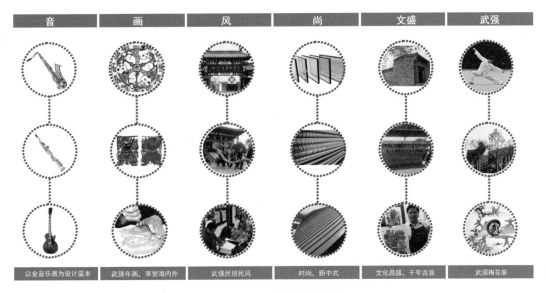

> 图2-2-2 设计立意与分析

"画"指的是武强年画。武强年画是我国民间艺术宝库中的一颗璀璨的明珠，曾被人们誉为河北艺术的象征，以其深厚的民间民俗、独特的民族艺术风格而享誉海内外。本案例对于武强年画的代表图形图像有崭新的演绎。

"风"指的是武强县的民风民俗。武强民风淳朴，人们自古以来就崇尚燕赵之风——团结、正直、勤劳、淳朴，在传承发展中充满着和谐向上的氛围。

"尚"指的是时尚、样式。本案例结合极简主义设计手法，建筑局部用金属、玻璃、钢筋混凝土替代传统民俗的木架结构，用新材料、新工艺体现新武强的时代感。

"文盛"代表武强县历史悠久。东汉时，这里名为武遂县，到南北朝时更名为武强县，沿用至今。2006年，武强县被联合国教科文组织评定为"千年古县"。武强自古名人辈出，文化昌盛。

"武强"代表武强梅花拳术。在冀中声名远扬的武强梅花拳是中国武术的瑰宝。在本案例中，设计了仿照梅花拳的梅花桩，并在其上陈设两位梅花拳师的钢制影形，彰显武强梅花拳术的生动形象。

（2）轴线分析

武强园景观主轴节点依次为入口仪门、六子争鸣、三鱼争月、年画之乡展馆、拢音湖（图2-2-3）。

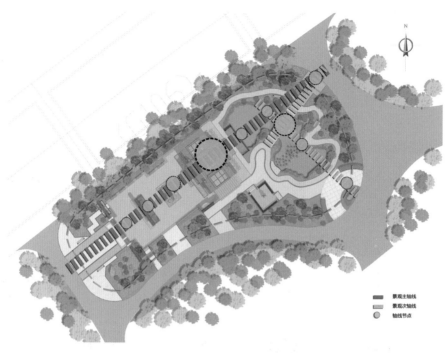

> 图2-2-3　主轴线节点

（3）道路分析

　　武强园设置两级园路，有贯穿全园的游园主路，还有曲径通幽的游园次路，在设计的同时又考虑了特殊人群的需求，贴心地设置了无障碍通道，利于老人及儿童游览（图2-2-4）。

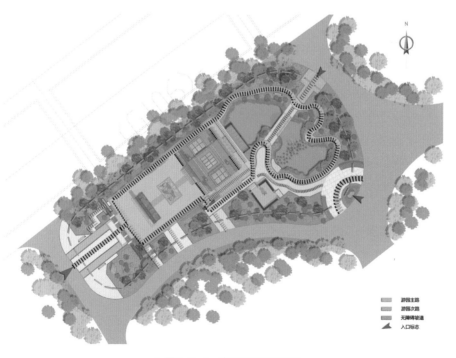

> 图2-2-4　武强园道路示意图

（4）功能分析

武强园分为一展馆、四区域：年画之乡展馆、园区主入口、年画体验点、亲水休闲区、园区次入口（图2-2-5）。

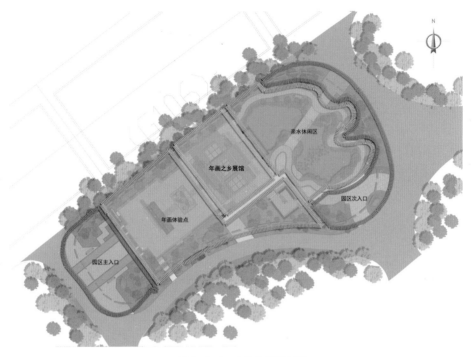

> 图2-2-5 功能分析示意图

年画之乡展馆为展馆建筑。设计原型取自冀中传统民间建筑。建筑局部采用槽钢和钢化夹胶玻璃代替不透光的墙体。虽用现代手法材料，却不失传统风味。在白天室内无须开灯照明，节能环保，晚上建筑周体发光，时尚感十足且传统味悠长。另外，立面的玻璃扩展了视线范围，开阔了室内视野。

步入景园正门，素雅景韵映入眼帘。武强园传承传统民居精髓，紧随时代步伐，以新中式的风格满足现代人的审美需求。入口仪门材料、工艺新颖，风格简约时尚又不失传统特色。门侧的"荷花汀步"与水帘结合，带给游园者以漫游荷塘之美感。

（5）竖向标高分析

设计师依照"海绵城市理论"对园区标高进行了设计，不用借助管道排水，根据所设计的3%的自然排水坡度进行自然排水，环保节能（图2-2-6）。

（6）平面图

平面图中清楚地标示出了武强园中各个景观节点的具体位置，从主入口广场开始依次是入口置石—画使春归—入口仪门—水帘汀步—年画透景墙—六子争鸣—三鱼争月—月亮门—音破云天—年画之乡展馆—踏水听琴—拢音湖—六弦桥—次入口—梅花桩（图2-2-7）。

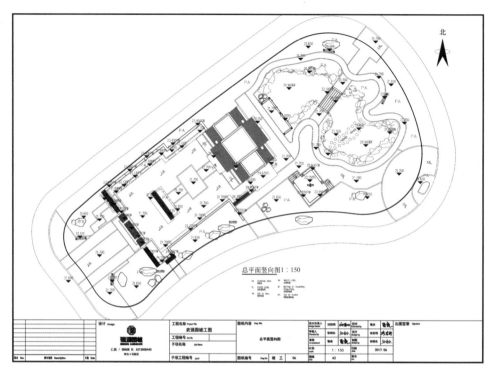

> 图2-2-6　园区标高设计

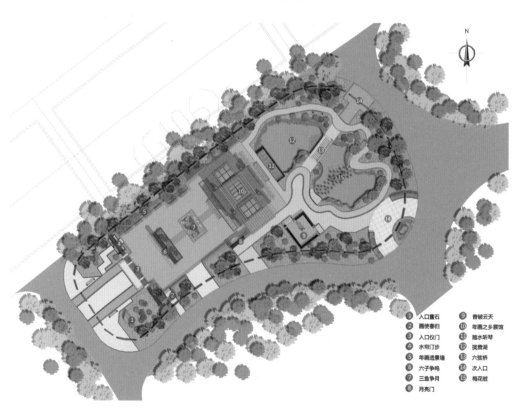

> 图2-2-7　武强园平面图

2.2.3 设计创新（五大互动体验点）

（1）"六子争鸣"景墙

传统武强年画中，最具有代表意义的作品就是"六子争头"。在本案例中，设计师将"六子争头"娃娃手中的苹果、桃子等元素改为金音乐器之长笛、小号等元素，将整幅图的中心改为"鸣"字，使武强经典年画与乐器相结合，应和"音画风尚"之主题，形成崭新的"六子争鸣"的图形（图2-2-8）。

武强园内以影壁形式将武强年画与金音乐器协调融合，设计出"六子争鸣"玻璃景墙，分解出的"六子"可拼接为一幅完整的图案，底部的六个独立儿童形象采用拼图拼接形式，以满足游园者尤其是儿童的好奇心，让其近前体验"六子"的趣味性，在增强互动性的同时，使游园者对武强传统文化有更深入的了解与认识。

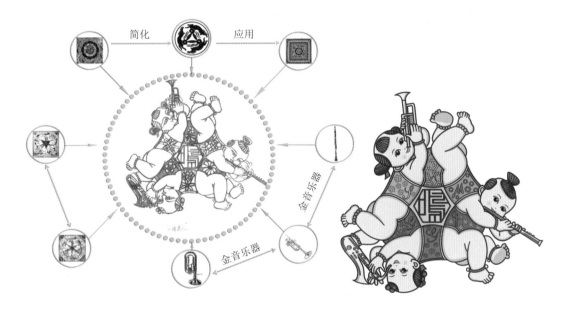

> 图2-2-8 "六子争鸣"来源及效果图

（2）梅花桩

武强梅花拳是我国武术的瑰宝。梅花桩设计灵感来自梅花拳，将梅花桩与水结合，一根根防腐木桩伫立水面之上20cm，两位梅花拳师的身影跃然其上，一招一式彰显着武强梅花拳的魅力。游园者行于其上，可体验梅花拳文化（图2-2-9）。

（3）"音破云天"演奏台

本设计以武强金音乐器为蓝本，创造性地在演奏台中心，做出可发音的不锈钢雕塑大提琴，供游园者上台亲身体验。琴弦单独订制，拨响琴弦，发出丝丝弦音。设计师借如此直接的体验模式，创造出一个人与景观互动的空间（图2-2-10、图2-2-11）。

> 图2-2-9　梅花桩来源及效果图

> 图2-2-10　"音破云天"效果图

> 图2-2-11　"音破云天"实景图

（4）"水帘汀步"

　　本设计以"荷花"为设计元素，以花岗岩石材为基础，形成"水帘汀步"，水中以睡莲植物为衬托，使整个"水帘汀步"池更富有活力。亲水是人的天性，游园者往来于汀步之中，尤其在炎炎夏日，能获得更好的体验（图2-2-12）。

> 图2-2-12 "水帘汀步"效果图

（5）六弦桥

六弦桥位于展园后侧，以金音西洋乐器为设计元素，引入红外感应技术，人步入桥头，感应器即发出琴弦的美妙声音，使人似行在琴弦之间，音随步响。在这种环境中，人与桥之间产生互动，对游园者而言，将是一种美的享受（图2-2-13）。

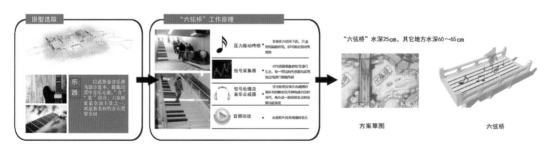

> 图2-2-13 "六弦桥"设计推演

2.2.4 铺装与景墙

（1）"三鱼争月"铺装

武强年画"三鱼争月"以传统造园手法"花街铺地"的形式展现，用传统工艺配合精致石材增加景观的观赏性与实用性。

（2）年画透景墙

年画透景墙是以经典武强年画"王羲之《墨池洗砚图》"和"孟浩然《踏雪寻梅图》"为蓝本，经过现代等离子透雕技术加工而成。古为今用，诗画结合，雅俗共赏（图2-2-14）。

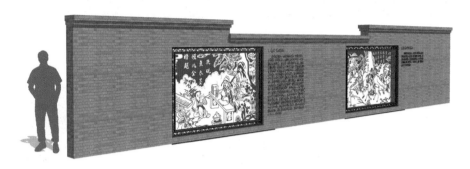

> 图2-2-14　年画透景墙效果图

（3）特色人造雾

武强园在亲水休闲区增设特色人造雾装置系统，雾浓似云海般缥缈，云起云聚，雾淡如轻纱拂面，与湖面、景石、植物相映衬，柔美之极，整个园子因此显得更具神秘感。游园者漫步六弦桥之上，伴着六弦桥发出的奇妙旋律，宛如身在仙境，获得轻松愉悦的享受。

2.2.5　小品设计

（1）特色坐凳

设计师将武强园的设计理念"文盛武强"融入展园中的每一处细节。用耐候钢雕刻的宋体古印"文盛武强"粘接在凳面两端，成为武强展园的一个特色（图2-2-15）。

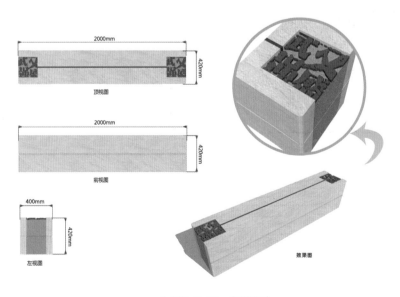

> 图2-2-15　坐凳设计

（2）展板

建园结束后，方案设计师以及驻场设计师共同编写简版"造园记"，制成展示板放于园内，使游园者更为直观清晰地了解到武强园的建造过程。

（3）羊皮灯笼

武强年画因产地武强而得名，历史悠久，驰誉中外。在长期的继承、发展和创新中，形成了独特的民族特色、地方特色、时代特色和艺术风格，深受广大人民的喜爱。中国文联原副主席、中国民协原主席冯骥才考察武强年画博物馆时挥笔题词："应说年画百家好，自是武强天下雄"。本案例中，设计师巧妙地将武强年画运用在园区的羊皮灯笼上，美观而实用（图2-2-16）。

> 图2-2-16　羊皮灯笼

2.2.6　植物设计

设计师在对植物的选择和景观设计中遵循如下原则。

① 适地适树，合理造景。在主入口利用高大的乔木、低矮的灌木与时令花卉进行造景，以亮丽的色彩和图案吸引游园者。

② 高度搭配适当。在组团植物造景的设计中，根据不同植物的高度搭配进行景观的设计。

③ 色彩协调，四季有景。物种的选择上考虑了植物不同的叶色、花色和叶期、花期等综合因素，使植物具有丰富的季相变化。

武强园计划种植植物如图2-2-17所示。

红枫	白蜡	紫荆	碧桃	合欢
石榴	罗汉松	马蔺	大叶女贞球	早熟禾
狼尾草	荷花	造型金叶榆	麦冬

> 图2-2-17　武强园植物选择

2.3　项目实战——居住区园林景观设计

2.3.1　项目概况

本节以海南水晶绿岛居住区二期景观为例进行实战讲解。

水晶绿岛项目位于海南省琼中黎族苗族自治县营根镇环城东路与龙溪路交会处，总建筑面积约120000m²，开发面积约45000m²。整体建筑风格为东南亚风格，强调了简朴、舒适的度假风情。同时还以黎族、苗族文化为底蕴，从极富当地特色的瑰宝"黎锦"图案中提炼景观中的抽象符号和表达形式，将当地特色景观与东南亚海岛风情相结合，打造生态特色环境（图2-3-1）。

本工程的总工期为130日历天，工程质量要求达到国家施工验收规定的优良标准。

建设单位：海南鼎泰房地产开发有限公司。

设计单位：衡水学院建筑景观研究所。

施工单位：中国八建海南分公司。

> 图2-3-1 "水晶绿岛"鸟瞰全景

2.3.2 设计定位与策略

本项目的设计定位为：打造养生、宜居、宜游的居住区空间。

高层居住区室内公共空间相对局促，需要借助环境来弥补人们对于大空间的需求。"绿岛"是一种生态模式，也是一种空间的展现，设计时需要充分考虑居住人的使用需求，并展现出浓郁的地域特色。

（1）构思推演

构思推演过程如图2-3-2所示。

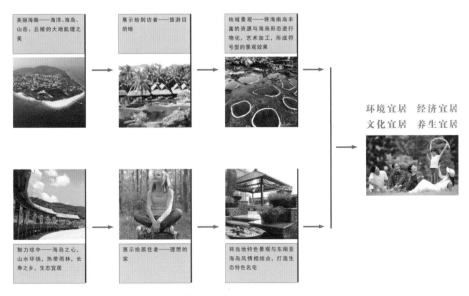

> 图2-3-2 构思推演过程

构思推演元素如图2-3-3所示。

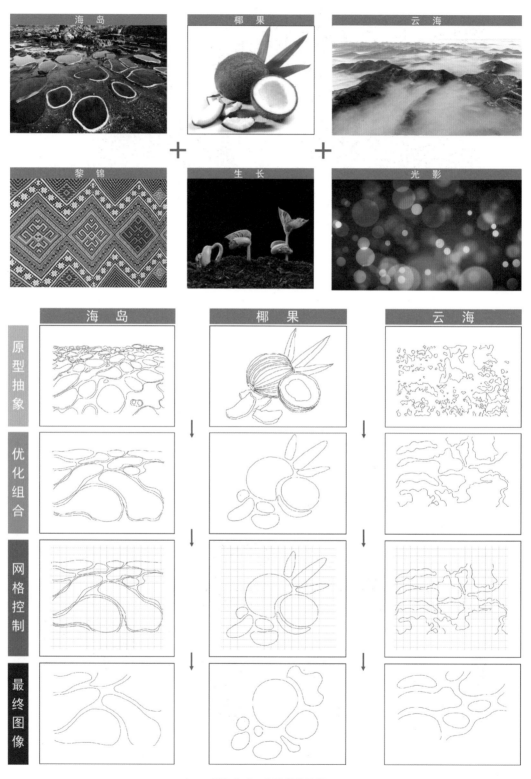

> 图2-3-3　构思推演元素

景观形态生成如图2-3-4所示。

景观区块及平台

不同尺寸、形态、材料的平台，适应人们生活的各种需求——交流、运动、玩耍等

路网及通道

结合"伴随主目的的行为习性"，强化道路的通达性、便捷性

行动轨迹

源于人的自然性动态流动，交通设计考虑人的功能性行为和下意识行为

> 图2-3-4 景观形态生成

（2）设计理念

本项目的设计理念如图2-3-5所示。

基础设计要素		场地特征		设计思路要点
岛居山林		高层建筑		福地·氧生
空间组织	+	围合空间	+	异域·风情
绿化种植		丰富竖向		便利·出行
道路交通		依山傍水		完善·配套
基础设施		四季如春		绿色·人居
				经济·适用
				安逸·自然
				健康·休闲
				优质·生活

> 图2-3-5 设计理念

1）"绿岛"——人文关怀+和谐社会

① 本项目中的高层居住区户外空间营造，强化了人文关怀的有机融入，将以人为本贯穿于整个设计方案当中。其中在无障碍设施设置和路网设计等环节重点考虑使用者的习惯，进一步加强了方案的落地性。

② 高层建筑容纳人数众多，人群社会关系混杂，需要整合社会关系，营造大家庭的氛

围，促进居民在绿岛中休闲与交往，创造和谐社会。

2）"大花园"——生态基底＋优质环境

小区设计注重打造可持续环境，营造生态基底，使环境自我完善，大大减少后期维护的费用。在小区设置齐备的基础设施，塑造花园般的氛围，使居民在花园中游走时得到放松（图2-3-6）。

> 图2-3-6　小区生态环境

2.3.3　总体设计

（1）手绘平面图

见图2-3-7。

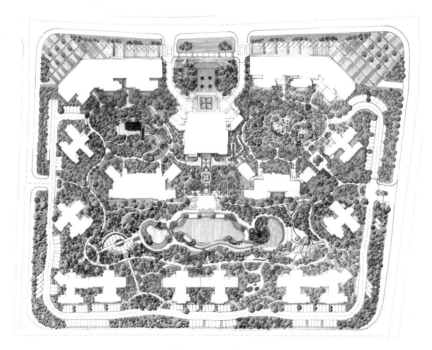

> 图2-3-7　手绘平面图

（2）总平面图

见图2-3-8。

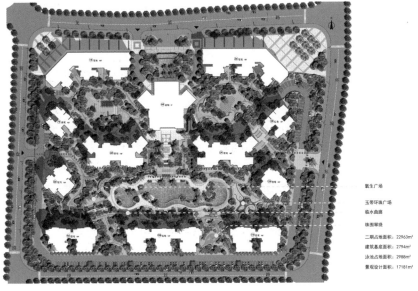

氧生广场

玉带环珠广场
临水曲廊
珠围翠绕

二期占地面积：22963m²
建筑基底面积：2794m²
泳池占地面积：2988m²
景观设计面积：17181m²

> 图2-3-8　总平面图

（3）竖向标高设计

本项目利用基地西北高东南低的地势，设计出跌落式的中心泳池和种类丰富的中心绿化，延续至景观中轴线，并且使周围每栋楼都能拥有大面积的开敞景观。结合现状环境，利用道路高差丰富植物竖向变化。丰富的竖向标高设计使场地形成了高低错落的透视效果，丰富了视觉感官（图2-3-9）。

▼ 竖向标高

> 图2-3-9　竖向标高设计

（4）道路交通设计

蜿蜒或富于变化的步道，可以使步行变得更加有趣，满足人们的好奇心，而且通常沿地形弯曲的小路比笔直的路在减少风力干扰方面也能起到更大的作用。变幻的空间和弯曲的小路，对于步行的人们常常产生一种心理作用，让人们觉得步行距离似乎变短了，步行变得轻松而愉快。所以依据地形设计弯曲小道，不仅是尊重自然的表现，而且给人的心理带来的变化也富有积极意义（图2-3-10）。

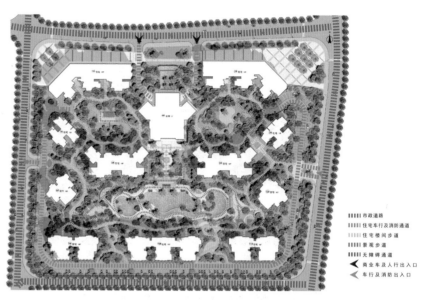

> 图2-3-10　道路交通设计

（5）景观结构分析

本项目设计强调景观主轴线，以会所和泳池为中心，进行东西两侧的公共空间设计，高差地块、条形场地、核心泳池，决定了基地景观的围合性、并列性空间序列模式。方案中采用一轴连多点的规划模式，强化休闲、运动、停留的功能整合，营造大家庭的和谐氛围，以及花园式大客厅的景观主题，为人们提供便利、温馨的交互空间与休闲场所（图2-3-11）。

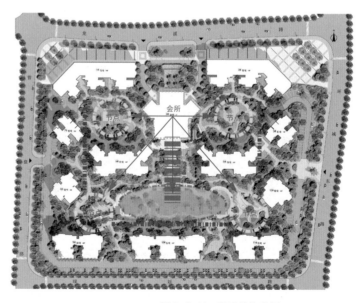

> 图2-3-11　景观结构分析

（6）功能区分析

见图2-3-12。

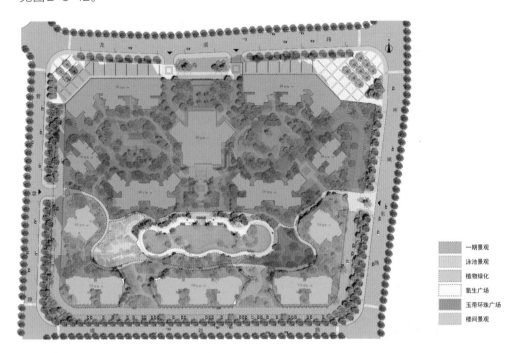

一期景观
泳池景观
植物绿化
氧生广场
玉带环珠广场
楼间景观

> 图2-3-12 功能区分析

2.3.4 分区设计

（1）效果图角度索引

见图2-3-13。

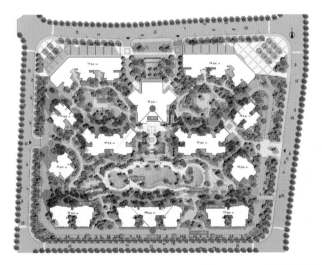

效果图角度索引

> 图2-3-13 效果图角度索引

人类的户外行为规律及其需要是景观规划设计的根本依据。一个景观规划设计的成败、水平的高低及吸引人的程度，归根到底要看它在多大程度上满足了人类户外环境活动的需要，是否符合人类的户外行为需要。考虑大众的思想，兼顾人类共有的行为，坚持群体优先，这是现代景观设计的基本原则。本案选取主要景观节点做核心设计，打造出人气聚集、活跃热闹的景观场所。

（2）鸟瞰图

见图2-3-14。

> 图2-3-14　鸟瞰图

（3）东西轴剖面图

见图2-3-15。

6#住宅楼　　　　氧生广场　8#住宅楼　　　泳池　　　　会所　　　　　5#住宅楼　　　玉带环珠广场　12#住宅楼

> 图2-3-15　场地东西轴剖面图

> 图2-3-16　玉带环珠广场效果图（1）

（4）各节点效果图

① 玉带环珠广场采用不同的铺装材质，将场地绘制成集散流线的图形，将"海岛""椰果"等元素抽象简化，组合成富有韵律的铺装形式。广场上设置椰果形状的种植池与主题相契合，同时布置休憩廊架和座凳设施，满足居民的休憩使用功能（图2-3-16～图2-3-18）。

> 图2-3-17　玉带环珠广场效果图（2）

泳池　　休闲廊架　　5#住宅楼　　玉带环珠广场

> 图2-3-18　玉带环珠广场剖面图

②　氧生广场主要功能包含户外休闲、活动等，以弧形和半圆形作为整体造型元素，结合当地特色植被和休憩设施，形成具有地域特色的广场景观。同时，氧生广场与园路紧密衔接，在整个小区的路网设计中，属于人群集散地设计，是不可或缺的重要组成部分（图2-3-19～图2-3-22）。

> 图2-3-19　氧生广场效果图（1）

> 图2-3-20　氧生广场效果图（2）

> 图2-3-21　氧生广场效果图（3）

临水曲廊　无障碍通道　氧生广场　　　泳池　　6#住宅楼

> 图2-3-22　氧生广场剖面图

③ 临水曲廊景观见图2-3-23、图2-3-24。

> 图2-3-23　临水单臂廊架效果图（1）

> 图2-3-24　临水单臂廊架效果图（2）

④ 楼间景观效果图见图2-3-25、图2-3-26。

> 图2-3-25　楼间景观效果图（1）

> 图2-3-26　楼间景观效果图（2）

⑤ 西入口大门效果图见图2-3-27。

> 图2-3-27　西入口大门效果图

2.3.5 专项设计

（1）铺装设计

在居住区住房环境中，综合考虑耐久性、透水性、价格、外观效果等因素，采用混凝土路面、烧结砖、植草砖和当地火山石等高性价比材料，在满足功能的基础上，尽可能体现富于变化的审美情趣。具体原则如下。

① 水泥路每隔6m设置一道伸缩缝，局部结合卵石、碎拼等形式，打破单一样式。

② 整体铺装以烧结砖为主，大量使用透水铺装地面，重点区域选用当地石材。

③ 软质铺装以植草砖为主，局部特色铺装选用火山石、陶瓷片，体现地域特色（图2-3-28）。

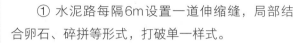

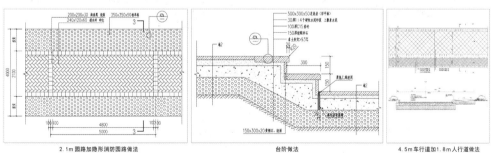

2.1m 园路加隐形消防园路做法　台阶做法　4.5m车行道加1.8m人行道做法

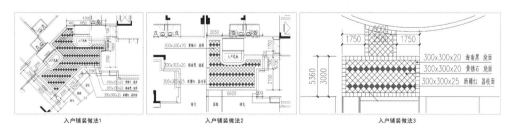

入户铺装做法1　入户铺装做法2　入户铺装做法3

> 图2-3-28　铺装设计图

（2）户外家具设计

户外家具区别于一般家具之处在于，其作为景观环境的组成元素，更具有普遍意义上的"公共性"和"交流性"特征，此处选取的家具设施包括用于室外或半室外空间的休息桌、椅、伞等。具体特征如下。

① 本案户外家具材料抗氧化性强，如混凝土、石材、防腐木、树脂藤椅等（图2-3-29）。

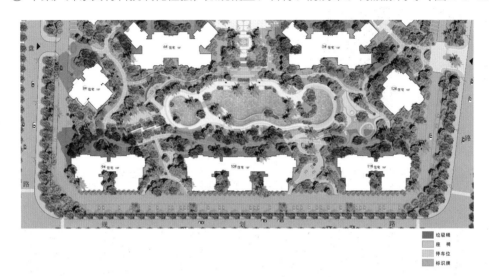

> 图2-3-29 户外家具分布图

② 户外家具样式皆选用简洁大方的现代风格，功能多样，方便居民使用（图2-3-30）。

> 图2-3-30 户外家具选型图

（3）灯光设计

在灯光灯具设计上，遵循适地原则，因地制宜，充分考虑方案中的功能区和路网分布，结合庭院灯、草坪灯、广场灯、水池灯、特色灯等诸多样式，为居民提供便捷的照明环境。需注意如下要求。

① 庭院灯基本控制在2.8m，结合地域特色设计样式，满足照明照度的同时提高小区装饰特色（图2-3-31）。

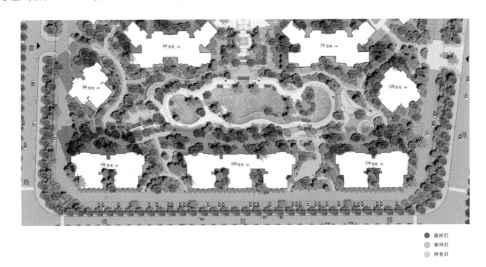

> 图2-3-31 灯具布置图

② 水池灯、草坪灯等功能性照明选用简洁大方的款式，色调稳重，注重耐用度（图2-3-32）。

> 图2-3-32 灯具选型图

（4）植物设计

根据设计主题和效果要求，在琼中地区的适生植物品种中选择植物。要确保栽植和移植的树木成活率大于90%，植物盛装状态好，方便后期养护。具体要求如下。

① 乔木选择形体高大、主干直立、分支点高的品种。

② 灌木选择形体低矮、生命力强、开花和叶色优美的品种。

③ 地被植物选择不修剪、宿根、后期少维护的品种（图2-3-33）。

> 图2-3-33　植物选型图

课后实训与思考

1.任选一个2000m²的地块空间，尝试按照书中的设计流程进行初步设计，要求绘制平面草图和局部效果图。

2.借鉴优秀的园林景观案例进行主题分析，发掘设计立意点进行总结分析。

3

园林景观施工图设计

学习目标

1. 通过对园林景观设计施工图样例的学习，提升职业素养，树立精益求精的工匠精神。

2. 了解园林景观施工图绘制的详细内容，熟悉施工图设计规范，掌握园林景观施工图绘制的总图及详图设计知识。

3. 具备园林景观施工图设计的临摹和独立绘制能力。

近年来，随着园林景观行业的不断发展，园林景观施工图设计也朝着更加规范化的方向发展。园林景观施工图设计不再是简单地画出可行性施工图（结构、材料、水电、植物图样），而是有了更高、更深层次的要求。学习园林景观施工图的绘制，首先要了解施工图的概念及作用，做好绘制施工图前的相关准备工作，并准确梳理施工图的具体内容。

3.1　园林景观施工图介绍

3.1.1　园林景观施工图的概念及作用

（1）园林景观施工图的概念

园林景观施工图是用于指导相关工程项目施工的技术性图样，其涵盖该工程项目范围内总体设计及各分项工程设计、施工物料和详细施工做法、施工要求设计说明等内容。所有内容必须按照相应制图规范准确、详细地表示出来。

施工图设计是方案扩初设计后的再次设计，是将设计师头脑中的想象景物转化为物质景物的关键步骤。具体而言，施工图是根据实际施工的质量、成本、材料、安全性、细节效果等综合因素，对方案进行深化完善。

（2）园林景观施工图的作用

施工图是设计的最终结果，也是工程建设的依据和蓝图，其具体作用如下。

① 指导工人按图施工，作为施工技术性文件指导设计成果落于实地。

② 作为编制工程预算的依据。

③ 根据图纸开展工程施工和制作安装。

④ 作为工程材料选购与订制加工的指导文件。

⑤ 根据图纸进行工程验收与结算。

3.1.2　绘制施工图前的准备

设计施工图之前，设计人员需要对工程地点进行进一步的实地勘察。设计项目负责人、总设计师，以及土方工程、水、电等各专业的设计人员均需参加，对各方面的情况进行具体、细致的勘察，为工程预算及制图提供最准确的数据。如基地情况发生变化，应及时向设计项目总负责人反映。具体而言，施工图设计前需要做好以下工作。

① 收集整理与项目相关的设计方案文件，包括概念方案、深化方案等。

② 收集甲方提供的原始资料，包括方案汇报记录及甲方意见等。

③ 收集场地竖向图（用于整场地形竖向的设计分析与掌握）。

④ 收集综合管网图（市政给排水及电气）。

⑤ 明确规划用地红线。

⑥ 准备建筑物、构筑物等的效果图和施工图等。

⑦ 同设计师沟通，了解设计师的设计意图。

3.1.3 园林景观施工图的内容

施工图设计要求在方案、扩初的基础上进行成品化的设计和转变，这时，无论是在形式还是在构造、尺寸、材料、颜色、方位上都要求精益求精，力求将最完备无误的图形展示出来，毫不马虎，并将各种材质、构造、做法等，一一清楚而准确地表达出来。每一份施工图都应该包括以下具体内容。

（1）封面

包括项目名称、建设单位名称、设计公司名称、时间等内容。

（2）图纸目录

通常采用表格的形式，详细记录施工图图册的图纸编号和对应内容。例如，JS 为景观施工图；图纸目录为 JS-00，下一页为 JS-01 园建设计说明，依次类推。

（3）园建设计说明

① 说明项目建设单位、设计单位、场地位置、建设用地指标等。

② 注明图纸设计依据及参照的规范。

③ 对全套景观施工进行必要的说明。

④ 说明工程中通用做法、特殊做法等需要注意的事项。

⑤ 说明与苗木种植相关的注意事项。

⑥ 说明其他注意事项。

（4）施工图总图

施工总图一般包括以下内容。

① 总平面图。

② 总平面索引图。

③ 总平面网格放线图。

④ 总平面尺寸图。

⑤ 总平面竖向设计图。

⑥ 总平面铺装图。

⑦ 绿化种植总平面图。

⑧ 电气设计总平面图。

⑨ 给排水总平面图。

（5）具体工程施工图

具体工程施工图根据工程类型不同会有所差异，但一般包括以下几个主要类型的工程详图。

① 土方工程。

② 道路工程。

③ 建筑小品工程。

④ 水景工程。

⑤ 植物种植工程。

⑥ 给排水工程。

⑦ 电气工程等。

3.2　园林景观施工图制图规范

虽然园林景观工程项目多种多样，不同类型之间差异明显，但不同工程项目的施工图绘制规范大致相同。

（1）常用图纸的幅面

在绘制施工图时，图样大小应符合表3-2-1所规定的图纸幅面尺寸。

总图一般可采用A0～A2图幅，通常根据图纸内容的需要，同一项目的同套图纸规格统一；其他详图部分的图纸一般采用A2图幅，最后装订成册，可根据图纸量进行分册装订。其中，采用A0、A1图幅的总平面图如需加长，可将长边按1/8、1/4、1/2的模数加长；采用A2图幅的封面、说明、目录以及详图部分，根据特殊情况也可按上述模数加长。

表3-2-1　幅面及图框尺寸

尺寸代号	幅面代号				
	A0	A1	A2	A3	A4
B×L	841×1189	594×841	420×594	297×420	210×297
C	10			5	
A	25				

注：表格中尺寸单位为毫米（mm）。B：宽度；L：长度；C：除装订的一边外，剩下三边的幅面线与图框线的间距尺寸；A：装订一边的幅面线与图框线的间距尺寸。

（2）图框规格

图纸幅面一般分为横式幅面和立式幅面两种。横式幅面是指以长边做水平边的幅面形式，立式幅面是指以短边做水平边的幅面形式。一般图纸都采用横式幅面，特殊情况也可采用立式幅面。

（3）标题栏与会签栏

图纸的标题栏与会签栏的尺寸、格式、内容没有统一的规定，通常放在图纸的右侧或下侧，一般包括以下内容：建设单位、工程名称、图纸编号、图纸名称、设计单位、项目负责人、设计总监、设计人、校对、图纸比例、图纸编号、日期、出图章等。

（4）图纸常用比例

在绘制施工图过程当中，可根据图纸内容不同，选用相应的常用比例，详见表3-2-2。如遇特殊情况，可根据实际情况选取整数比例。比例一般标于图名右侧，字较图名小1～2号。

表3-2-2　图纸内容及常用比例

图纸内容	常用比例	可选用比例
总平面图	1：200、1：500、1：1000	1：300、1：2000
放线图、竖向图	1：200、1：500、1：1000	1：300
植物种植图	1：50、1：100、1：200、1：500	1：300
道路铺装及部分详图索引平面图	1：100、1：200	1：500
园林设备、电气平面图	1：500、1：1000	1：300
道路绿化断面图及标准段立面图	1：50、1：100	1：200
建筑、构筑物、山石、园林小品等立、剖面图	1：50、1：100、1：200	1：30
详图	1：5、1：10、1：20	1：30

3.3 园林景观施工图总图设计

园林景观施工图的总图设计是在项目方案扩初设计图纸的基础上进行的进一步深化设计。首先要与方案设计师进行对接，理解设计意图，掌握方案设计过程的全部资料，以及翔实的细节要求。在绘图的过程中如有任何疑问要及时与方案设计师进行沟通，避免因理解偏差而造成不必要的麻烦。这个阶段的施工图要求与现状实际情况密切结合，不能有半点差错，各总图之间要相互统一，不能自相矛盾，总图与分项工程详图之间要准确衔接。

园林景观施工图总图主要包括总平面图、总平面索引图、总平面网格放线图、总平面尺寸图、总平面竖向设计图、总平面铺装图、绿化种植总平面图、电气设计总平面图、给排水设计总平面图。下面详细介绍各总图的概念、内容、制图规范及要求等，并以武强园施工图总图为例进行附图对照。

3.3.1 总平面图

（1）总平面图的定义

施工图总平面图反映了项目设计场地范围内的全部内容，是从空中向下所能看到的设计范围内所有地形地势、建筑以及构筑物、景观小品、水域、植被等的全部内容的平面投影图（图3-3-1）。

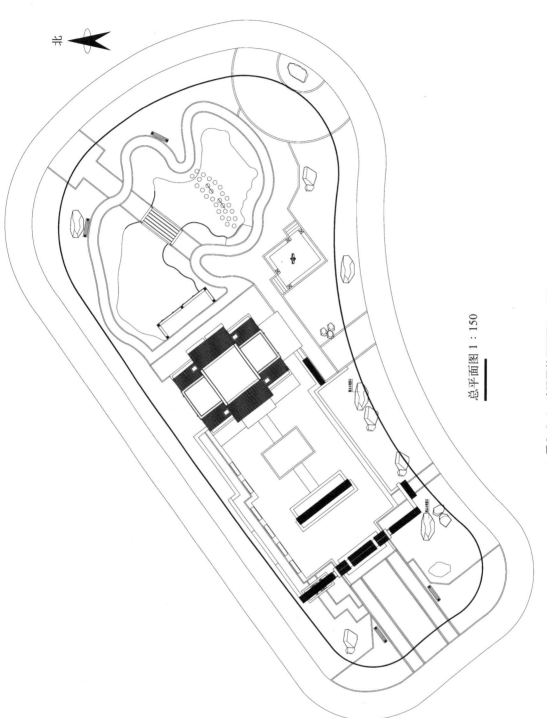

北

总平面图 1：150

> 图3-3-1　武强园总平面图1：150

（2）总平面图设计的内容

① 设计场地范围内的现状需要保留的建筑物、构筑物、大树、设施等。

② 设计场地范围内新设计的建筑物、构筑物等。

③ 设计场地范围内新设计的地形、地势等。

④ 设计场地范围内新设计的道路、游园路等。

⑤ 设计场地范围内新设计的硬质广场等。

⑥ 设计场地范围内新设计的水系、驳岸、桥梁等。

⑦ 设计场地范围内新设计的绿地、苗木等。

需要说明的是，若总平面图作为参照底图使用，其中植物苗木可不显示。

（3）绘图注意事项

① 总平面图的绘制首先要注意避免内容疏漏，因总平面图要准确地反映本项目的全部内容和范围，务必要做到面面俱到，避免疏漏，如图名、指北针、比例尺等也要注明。

② 建筑、构筑物、景观小品要在平面图上标注其名称或编号。

③ 主干道、园路等道路的道路中线要用虚线标出。

④ 地形用虚线表示出来。

⑤ 台阶的上下方向要用箭头表示出来，并标出台阶的步数。

⑥ 每个景观节点都需要明确标注，如果有多个相同节点，需要注明编号，如花架1、花架2。

⑦ 路沿石及道路收边要用双线标示，两条线一条粗一条细。

⑧ 水岸线、驳岸位置要明确标示。

3.3.2 总平面索引图

（1）总平面索引图的定义

总平面索引图是对总平面图中的建筑物或构筑物、景观小品、水体、道路铺装等细部的详细做法进行指引，以便进行下一步深化设计（图3-3-2）。

（2）技术要求原则

① 在总平面索引图上各级道路和用地红线需明确表示出来。

② 如标准图幅长度不够，可以考虑加长版，使图纸全部显示，但打印输出时较麻烦。

③ 如设计用地范围较大，需进行索引分区，一般分区后的图纸比例不超过1∶300。

④ 索引分区要清晰明确、完整，避免重复，可以用道路或景观功能组团分区的方式进行分区。

⑤ 所有引出索引要标注总图图号、名称，明确其所在用地范围内的详细位置。

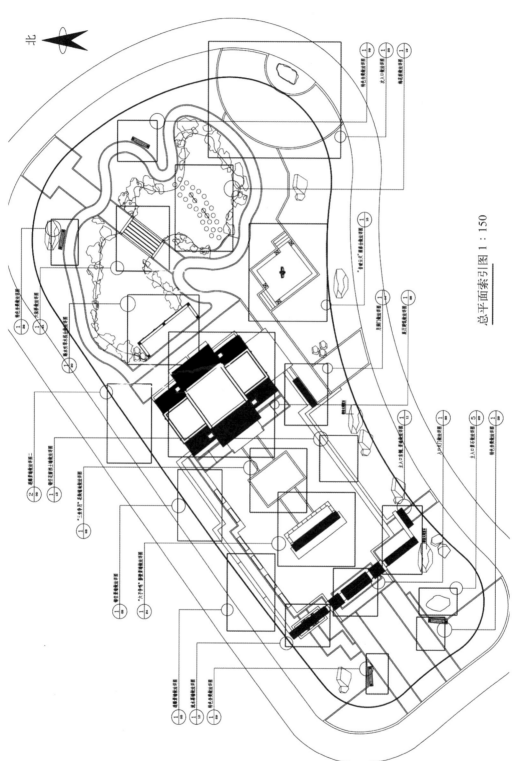

总平面索引图 1：150

> 图3-3-2 武强园总平面索引图1：150

（3）索引标志的绘制

① 被索引的区域分别用矩形或多边形图形线框绘制，线型为粗实线。

② 索引图、定位轴线的起始端为实线圆圈，引出线应对准圆心，终端圆内横线用细实线绘制。

③ 当同时索引几个相同部分时，各引出线应保持平行。

④ 当多个部位的引出做法相同，引出线可交汇于一条引出索引标注。

（4）绘图注意事项

① 索引图要准确规范，以便施工人员的查阅，并能够找到相应的节点详图。

② 索引图要索引明确，避免遗漏或重复。

③ 索引图务必要详细标示清楚具有相同属性的节点，以示区分。

④ 总平面图的底图需要明确标示清楚地势地形、水体、绿地和铺装线等。

⑤ 索引符号的引出线不得出现交叉，均需要拉出平面图外整齐表达。

⑥ 局部放大图与大节点的符号索引不能重复，要有所区别。

⑦ 索引图要覆盖用地范围内需要细化表达的全部内容。

⑧ 如工程项目内容简单，可在一张总平面图上直接索引；如工程项目复杂，可根据实际情况，画出分幅线，并进行分幅索引。

3.3.3　总平面网格放线图

（1）总平面网格放线图定义

总平面网格放线图又称平面放线定位图，或平面放线尺寸图。其作用是通过坐标定位点和网格尺寸定位，将图纸与实际施工场地对应起来（图3-3-3）。

（2）绘制定位坐标

① 首先在整个项目用地范围内选定一个相对比较固定且无障碍的点，作为放样依据的平面控制点，在图纸上明确标示处其准确的绝对坐标值。

② 明确标出各建、构筑物角点，道路中心，场地圆心及特殊点的坐标。

③ 如有弧线图形，需标注出该弧的起始点和中间任意一点。

④ 必须标注场地拐角处的点的坐标。

⑤ 局部设计的较难定位的点，需用网格结合坐标辅助标示。

（3）绘制网格线

① 依据所选定的原点标出X、Y轴的位置。

② 网格放线图的网格单位通常为米（m）。

③ 拟定合适的网格尺寸，以能清楚表示各个关键点为绘图标准，可进行大、小网格的划分，一般大网格多为10m、20m，小网格尺寸多为0.5m、1m、2m、5m，也可根据场地的实际情况自行确定。

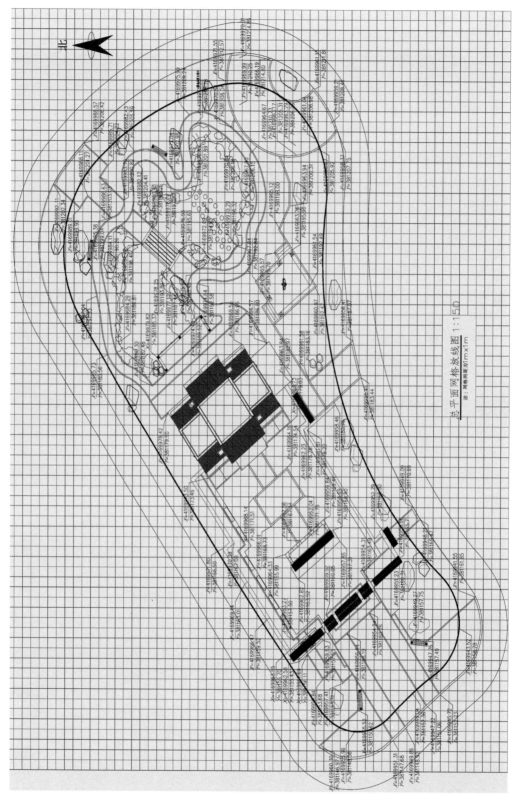

总平面网格放线图 1：150

注：网格间距约1m×1m

> 图3-3-3　总平面网格放线图 1：150

④ 以坐标定位点为基准点，沿着X轴和Y轴方向分别绘制定位网格线。

⑤ 土建、建筑、绿化等的网格必须一致。

⑥ 如有不规则图形平面图无法用尺寸定位的，需用网格定位平面图准确定位，以便放样。

⑦ 如总平面网格放线图无法精细放样，就需绘制局部网格放线图，其字体、线的样式要保持一致。

⑧ 局部网格放线图与总平面网格放线图同样要有相对基准点。

（4）标示注解说明

① 以基准点作为原点，沿着每条网格线的X轴和Y轴方向，在左侧和下侧标注网格大小及单位。

② 图名正下方需标注"网格间距为***"。

（5）绘图注意事项

① 放线图的基准点要综合分析，全局考虑，选取最便捷、易参照的点作为基准点，以便施工人员现场放线定位。

② 网格定位的原点坐标要提前检查，确保准确。

③ 网格定位的原点坐标要做加粗处理以示区分。

④ 注意相对坐标和绝对坐标的区别。

⑤ 标注内容要认真分析筛选，标注数量能多勿少，关键点和线的定位坐标必须明确标示。

⑥ 小场地网格放线图也必须要有相对基准点。

3.3.4　总平面尺寸图

（1）总平面尺寸图定义

总平面尺寸图是指在总平面图上进行各细节尺寸的标注，该图主要显示设计内容的尺寸关系，便于施工工程的放线与查看（图3-3-4）。

施工图标注尺寸包含以下几个要素。

① 尺寸界线：用来限定所注尺寸的范围。从被标注的对象延伸到尺寸线。起点自标注点要偏移一个距离。用细实线绘制，一般超出尺寸线终端2～3mm。

② 尺寸线（含有箭头）：尺寸线两端的起止符表示尺寸的起点和终点，由两端点引出的尺寸界限之间的标注线段共同构成了尺寸线。用细实线绘制。通常与所注线段平行。

③ 尺寸文字：表示实际测量值。系统自动计算出测量值，并附加公差、前缀和后缀等。可自定义文字或编辑文字。

④ 起止符：表示测量的起始和结束位置。

（2）标注基本原则

① 尺寸图的尺寸标注要尽量详细，标注内容要准确，长度、宽度、角度、弧度、半径等

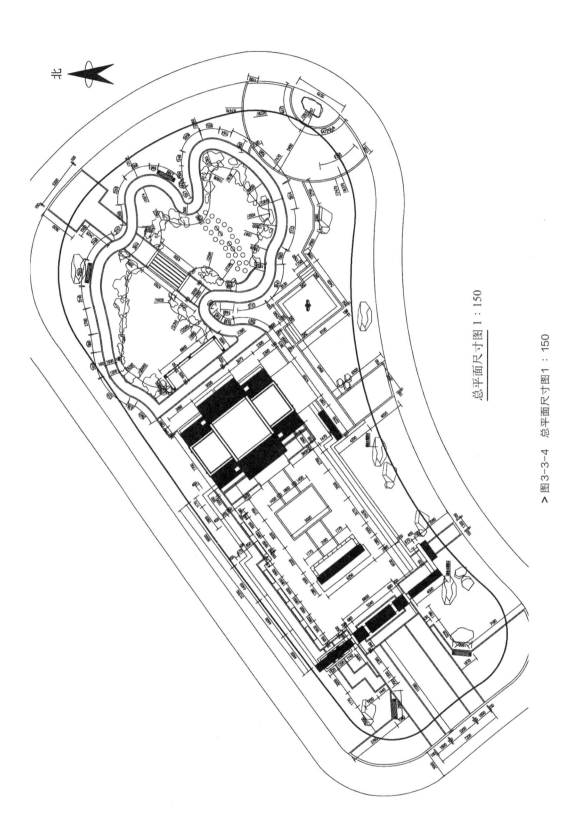

北

总平面尺寸图 1 : 150

> 图3-3-4 总平面尺寸图1 : 150

都要标注清楚。

② 要善于利用已知点来找寻、确定未知点。

③ 所有标注符号要避免重叠和遮挡。

④ 若施工图绘图纸以毫米为单位，可不用标注单位；若采用其他单位，则必须注明所用单位。

⑤ 图中标注尺寸为施工完成后的最终尺寸，若施工过程中发生变化，应加以说明。

⑥ 为了使施工图更加简洁清晰，一般每个构筑物的尺寸只标注一次，并且要标注在最能反映该构筑物结构的图形上，图样要在规定幅面内绘制。

（3）总平面尺寸图内容及绘图注意事项

① 标注排水坡度，包括道路中心、广场、绿地的坡度等。

② 尺寸标注必须与所绘施工底图隔开，不能重叠，避免出现打印出来标注看不清的情况。

③ 为了打印后易于区分和辨识，标注的线型一般采用线宽为0的最细的线。

④ 尺寸标注要先确定参照点，一般为建筑的角点或者项目中一个固定的点，并据此标注其他尺寸。

⑤ 尺寸标注要尽可能简洁，只在重要的点标示出来即可。

⑥ 总平面尺寸图只需要标注整场的大尺度关系，具体到景观节点的尺寸，可索引至详图进行详细标注。

3.3.5 总平面竖向设计图

（1）总平面竖向设计图定义

总平面竖向设计图又叫作总平面标高图，是体现整个项目场地高程变化的图纸。要注意相对标高和绝对标高的转化和运用（图3-3-5）。

相对标高：施工图的标高标注一般是把建筑首层地坪完成面的高度定为相对标高的零点。

绝对标高：我国把黄海平均海平面定为绝对标高的零点基准。绝对标高指的就是我国任何一地点相对于这一基准点的高差。该标准仅适用于我国境内。

（2）竖向设计图内容

通常情况下标高竖向图应标注以下具体内容：项目场地标高，建筑室内以及室外地坪标高，道路的坡度、坡长、坡向，景观节点标高，景观建构筑物相对标高与绝对标高。

（3）技术要求原则

① 总平面标高图中，标高一般都是完成面标高。

② 标高控制点从建筑室内首层向外推，坡度在规范范围内即可。

③ 道路标高一般要标注转弯点、变坡点、交叉点等的标高，另外还要标注坡度、坡向坡长以及道路中心线。

④ 场地（硬地）标高需标注标控制点标高和坡向。如某广场可标注最高标高和最低标高

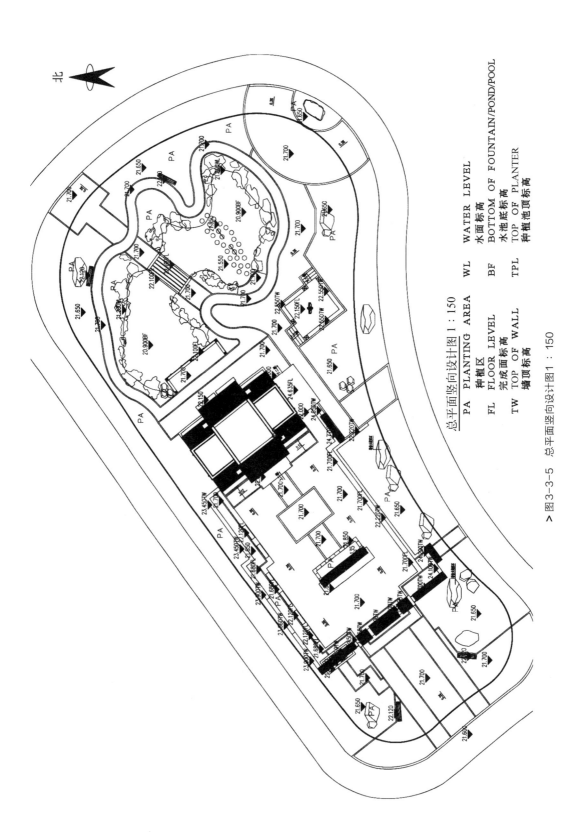

北

总平面竖向设计图 1∶150
PA PLANTING AREA   WL   WATER LEVEL
    种植区   水面标高
FL FLOOR LEVEL   BF   BOTTOM OF FOUNTAIN/POND/POOL
    完成面标高   水池底标高
TW TOP OF WALL   TPL   TOP OF PLANTER
    墙顶标高   种植池顶标高

> 图3-3-5 总平面竖向设计图1∶150

标，再加坡向即可。

⑤ 水体标高需要区分常水位标高和池底标高，在同一标高点上标注。

⑥ 绿地标高需标注绿地、场地控制点标高；如坡地放坡有变化，则需标注坡向、最陡坡度和最缓坡度；微地形场地要加等高线，标注文字角度与等高线相平。

⑦ 挡土墙标高仅标角点和控制点标高。

⑧ 需标注雨水口和地漏位置；排水沟需用双虚线图例标示。

（4）绘制竖向设计图的注意事项

① 注意不同高度之间的衔接构造（如无障碍坡道、台阶等）。

② 用文字标注说清楚采用的是相对标高还是绝对标高。

③ 在图中的圆点、中心、角点以及交叉带点都需要标出坐标。

④ 弧线位置需要明确标出弧线起点、中间任意一点、终点的坐标，以便放样。

⑤ 广场、园路、水系、园林小品等拐角处必须标注坐标。

⑥ 建筑、绿化、给排水、电所用到的坐标体系必须与土建完全相同。

3.3.6　总平面铺装图

（1）总平面铺装图定义

总平面铺装图指的是在整个用地范围内将所有硬质场地的铺装材料，分别绘制填充图案纹样，并进行相应的尺寸规格标注（图3-3-6）。

（2）技术要求原则

① 图纸要求体现出定位平面以及铺装的具体材料。

② 图纸上所有铺装材料尺寸要与实际大小一致。

③ 有铺装详图的局部节点无需在总图上标注用材，避免产生冲突。

④ 铺装若出现规格相同但面层或材质不同的，需用点状填充进行区分。

⑤ 一种铺装材料重复出现的情况下（如道路分隔条），为使图纸更简洁，可绘制通用铺装详图进行索引。

⑥ 铺装详图单位为毫米，铺装及分割条材料均要标出，标注要更加详细。

⑦ 铺装尺寸应结合铺装材料的规格设计，碎砖控制在1/3～1/2为宜。

⑧ 曲线形铺装要对材料进行弧形切割；直线形铺装要求材料缝隙对整齐，宽度一致；特殊位置如有必要须对材料进行有规律的编号拼合。

⑨ 碎拼铺装若想呈现出更好的观赏效果，一般要进行有规律的切割，再整合拼接。注意切割石材时一定要避免出现"阴角"。

（3）绘图注意事项

① 绘制引出标注时注意不要重叠，以免辨识不清。

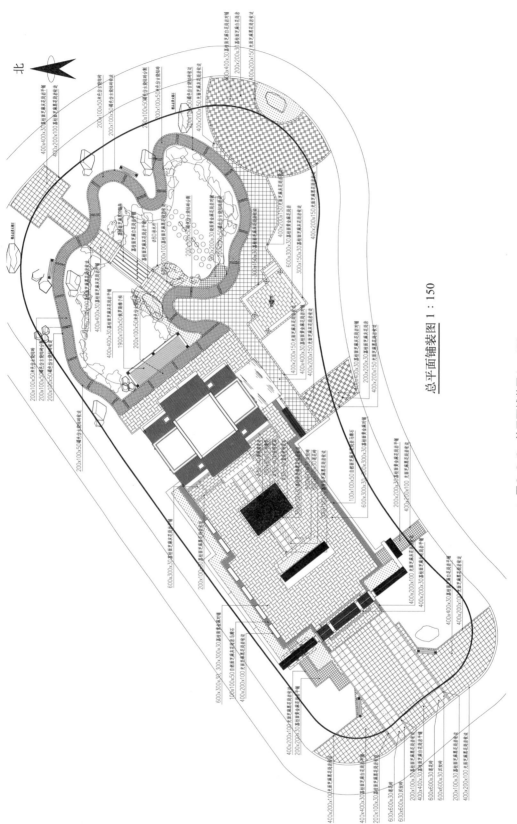

北

总平面铺装图 1∶150

＞图3-3-6 总平面铺装图1∶150

② 要详细标注各材料的长、宽、高，以及材质颜色和名称。

③ 在CAD里填充的铺装样式要和现场施工做法、规格、面材形式、铺装角度相一致。

④ 园内的铺装应有详细的规格、角度以及表面和铺装的放样，这样便于购买材料和准确施工。

⑤ 在铺装图上需详细标出排水方向以及坡度。

⑥ 道路铺装需要每隔5m设置一个沉降缝，可使用其他材料包缝边。

⑦ 不同铺装材料之间要有分隔条，且分隔条材料要选用不同于铺装材料的深色材料。

3.3.7　绿化种植总平面图

（1）绿化种植总平面图定义

绿化种植总平面图是体现用地范围内植物种植方案的专业图纸，绘制时要采用不同的植物图例表示相应的植物种类，并标注其规格、数量和种类（图3-3-7 ~ 图3-3-9）。

（2）植物设计原则

① 根据不同的场地性质及功能要求，要采取不同的配置手法，营造风格各异、风景优美的园林景观。

② 根据不同植物的生长习性以及形态特征，合理搭配乔木、灌木、地被等各类植物，并根据园林布局的要求使植物组团更具观赏性。

③ 植物配置的一般标准为"先高后低，先内后外"。

④ 植物配置采用的层次标准是，点景大乔木、名贵树种—中等大乔木—其他小乔木—大灌木—小灌木—时令花卉—草坪。

⑤ 植物配置分为两个方面，一是植物要和水体、山石、建筑、园路等其他园林要素相互配置；二是植物种类、树丛组合、平立面布置和颜色搭配等要素，要体现园林意境和季节交替。

⑥ 要注重植物空间的营造。不同植物围合方式营造的植物空间不同，有开敞空间、半开敞空间、垂直空间和封闭空间等。

⑦ 要注重不同叶色、花色，不同高度的植物搭配，以使色彩和层次更丰富。

（3）绘图注意事项

① 总平面图要体现全部植物种类及准确位置。

② 一般为了方便辨识，可分别绘制乔灌木种植总平面图和地被种植总平面图。

③ 乔灌木的图例样式和冠幅要能真实反映具体植物的种类特征和冠幅尺度。

④ 乔灌木种植总平面图要通过引线标注各类乔灌木的名称和数量。

⑤ 地被种植总平面图要通过引线标注各类地被植物的名称、数量和种植范围。

⑥ 如有必要需加注释进行特殊说明。

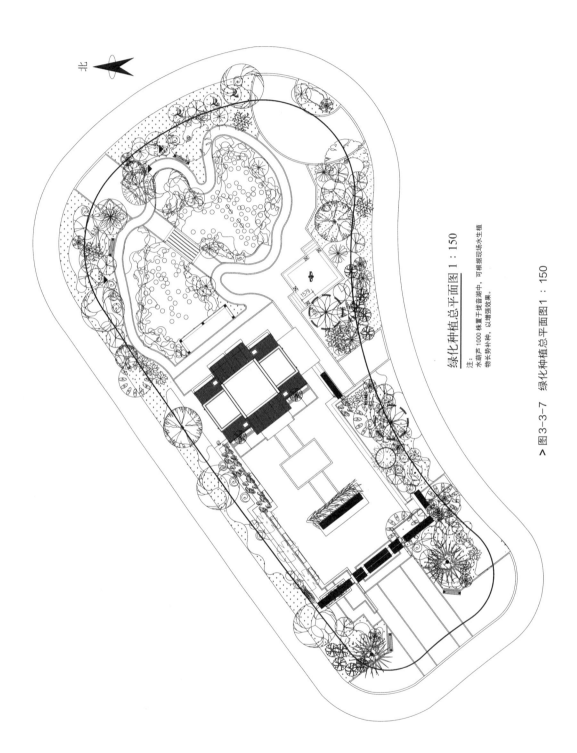

北

绿化种植总平面图 1：150

注：
水葫芦1000株置于戏音湖中，可根据现场水生植
物长势补种，以增强效果。

> 图3-3-7 绿化种植总平面图1：150

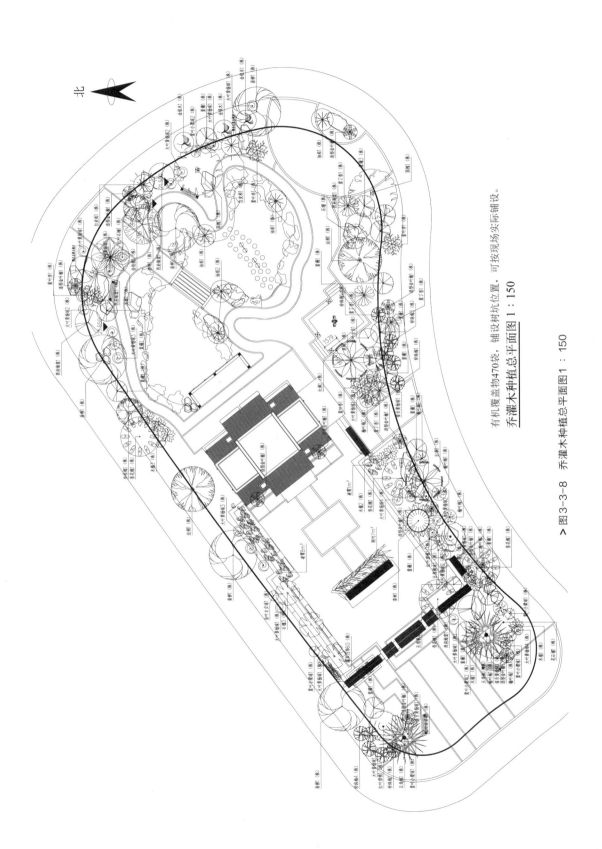

有机覆盖物470袋，铺设树坑位置，可按现场实际铺设。

乔灌木种植总平面图1：150

乔灌木种植总平面图1：150

> 图3-3-8 乔灌木种植总平面图1：150

北

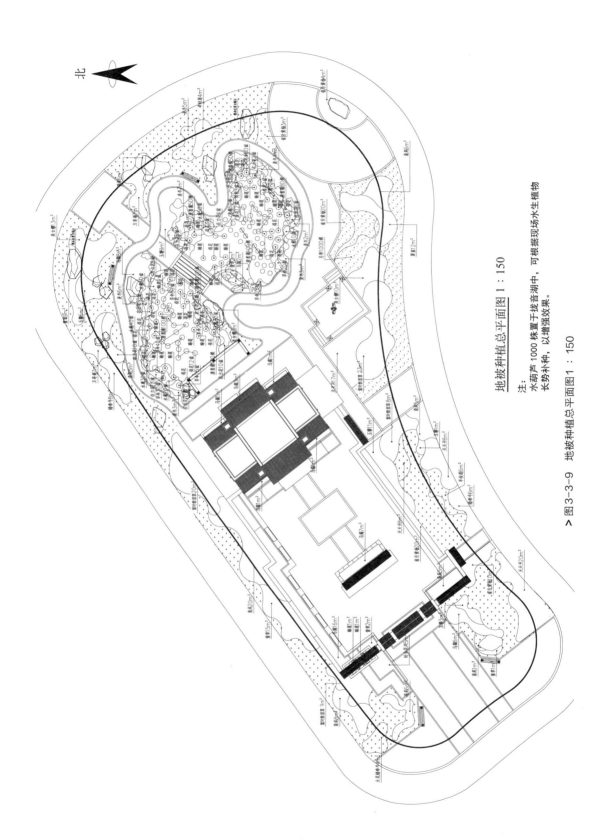

北

地被种植总平面图 1 : 150

注：
水葫芦 1000 株置于拢音湖中，可根据现场水生植物
长势补种，以增强效果。

> 图 3-3-9　地被种植总平面图 1 : 150

3.3.8　电气设计总平面图

（1）设计内容

电气设计总平面图主要包括景观照明总平面布置图（图3-3-10）、音响平面分布图（图3-3-11）、监控总平面图（图3-3-12）等。

（2）设计依据

① 甲方提供的相关图纸及要求。

② 国家现行的有关规程、规范。

③ 其他有关设计、施工规范［本施工说明未详之处以《城市夜景照明设计规范》（JGJ/T 163—2008）为准］。

（3）照明系统平面图及注意事项

① 景观照明安装庭院灯、草坪灯、壁灯、埋地灯、水底灯等，灯具主要起道路照明及辅助装饰照明作用。

② 所有室外照明灯具全部为防水型。

③ LED水底灯变压器应就近设置在相应控制灯具附近。

④ 水景水泵全部为手动启动式。

⑤ 绘制照明平面图要标注灯具型号、容量、安装方式、标高、连接线路，并标注回路编号、导线根数。

⑥ 确定应急照明电源型式。

⑦ 说明照明线路的选择及敷设方式。

（4）弱电系统平面图及注意事项

① 绘制音响、监控等弱电系统原理图，系统图表达不清楚的地方需要加以文字说明，如系统参数指标、线路选择及穿管管径、设计要求等。

② 绘制竖向系统图，标注各配电箱编号、对象名称、安装容量，标出各回路编号。

③ 绘制动力及照明配电系统图时，系统图表达不清楚的地方需要加以文字说明。

④ 绘制配电平面图时，要包括线路敷设路由、各回路编号、配电箱位置。

⑤ 绘制弱电平面图时，应表达出各弱电系统布点位置、各系统线路布置。

3.3.9　给排水设计总平面图

（1）设计内容

给排水设计总平面图主要包括给水总平面图（图3-3-13～图3-3-15）、排水总平面图等。

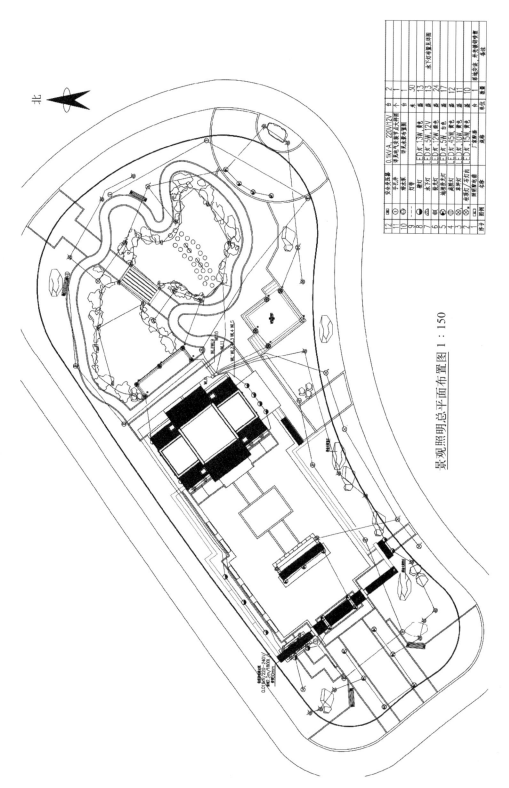

北

景观照明总平面布置图 1 : 150

序号	图例	名称	规格	单位	数量	备注
12		安全变压器	0.1KVA、220V/12V	台	2	
11		手孔井	详见地气安装平立大样图	个	1	
10		接线井		台	1	
9		灯带		米	30	
8		埋灯		盏	13	
7		水下灯	LED灯 5W、12V	盏	13	水下灯布置及标识图
6		柱头灯	LED灯 12W、粉色	盏	24	
5		庭院灯	LED灯 5W、白色	盏	17	
4		草坪灯	LED灯 45W、黄色	盏	12	
3		柔光灯	LED灯 10W、黄色	盏	12	
2		地埋灯/泛光灯	LED灯 15W、黄色	盏	10	
1		照明配电箱	厂家定制	个		墙地安装，开挡螺钉固定

> 图3-3-10 景观照明总平面布置图1：150

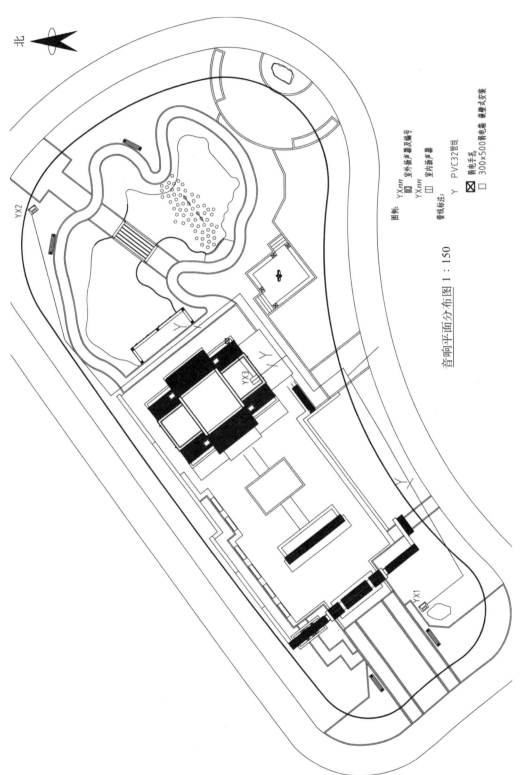

图例：YX*nn* ⊡ 室外音箱及编号
　　　YX*nn* ▢ 室内音响器
管线标注：　Y　PVC32管线

⊠ 弱电手孔
▢ 300×500弱电箱 嵌壁式安装

音响平面分布图 1：150

> 图3-3-11　音响平面分布图1：150

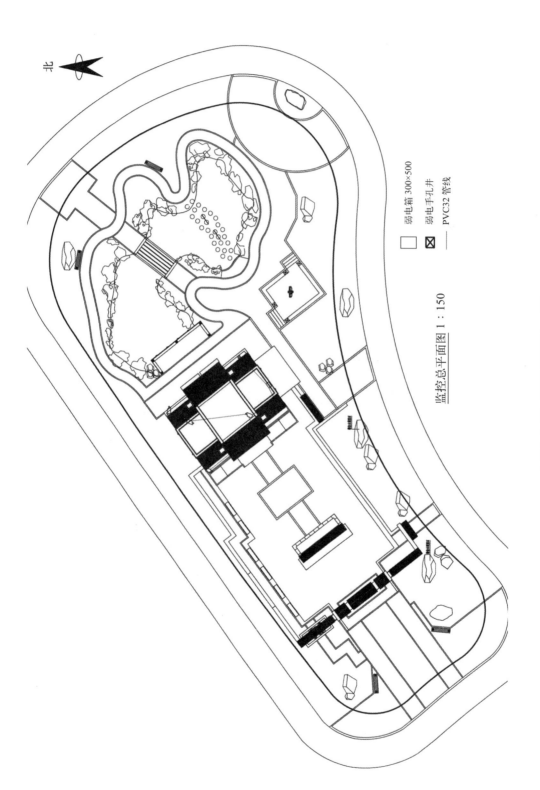

北

弱电箱 300×500

⊠ 弱电手孔井

—— PVC32管线

监控总平面图 1：150

> 图3-3-12 监控总平面图1：150

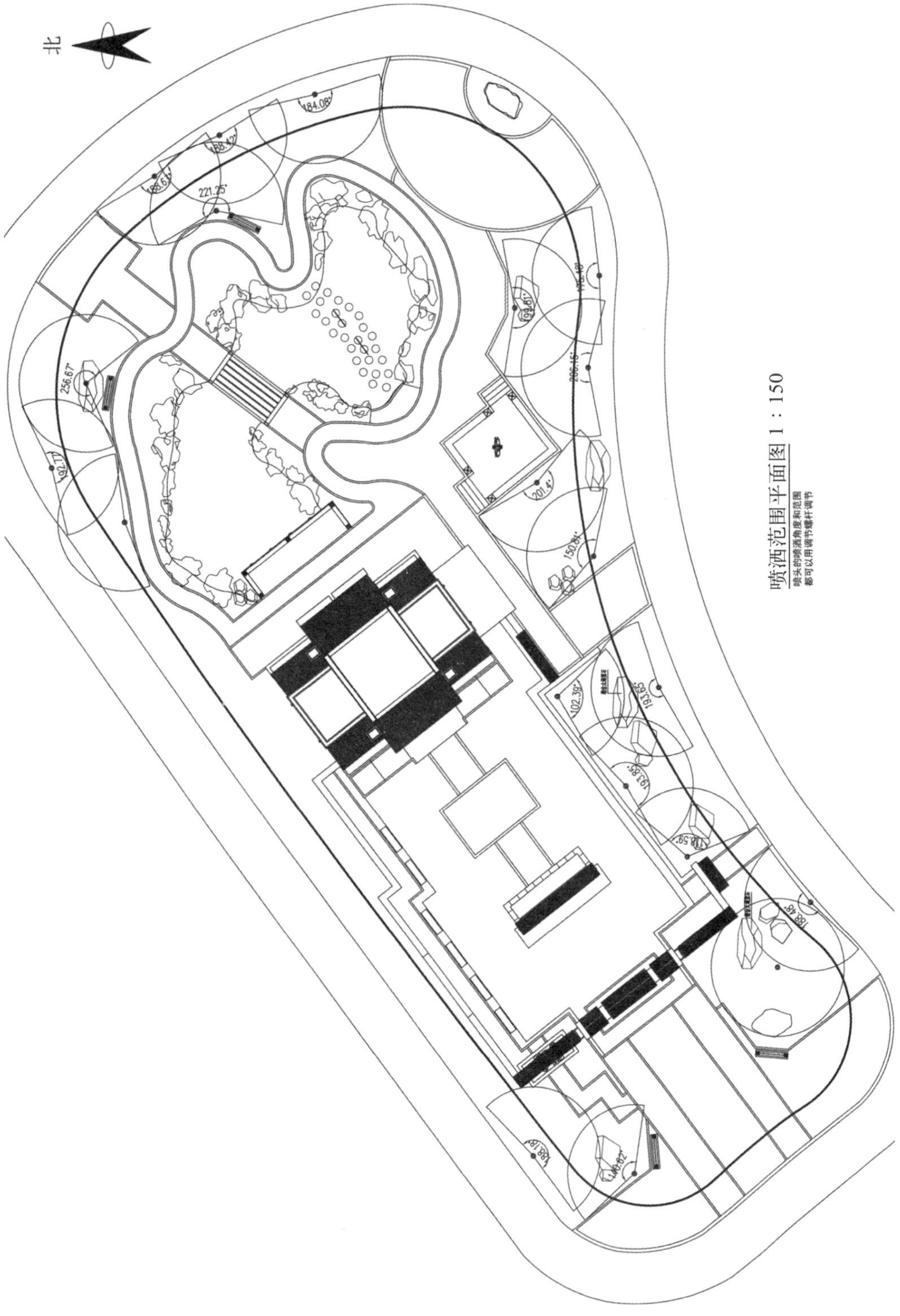

北

喷洒范围平面图 1:150
喷头的喷洒角度和范围
都可以用调节螺杆调节

> 图 3-3-13　喷洒范围平面图 1:150

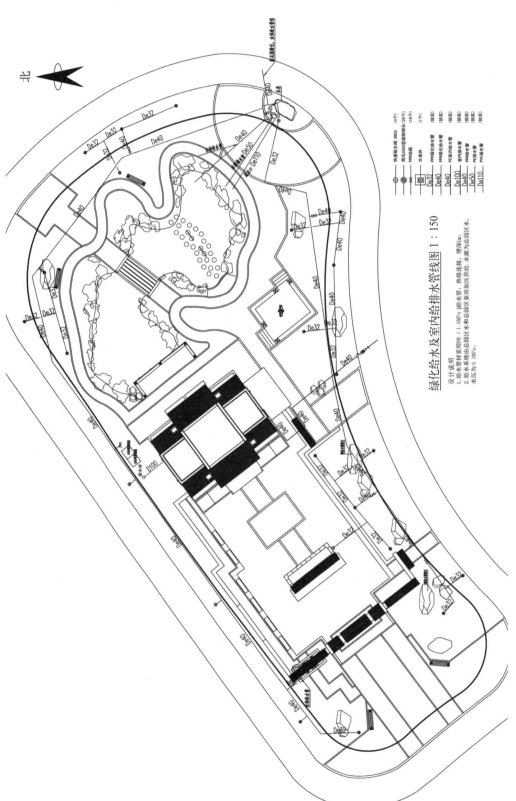

绿化给水及室内给排水管线图 1 : 150

设计说明
1. 给水管材采用PE（1. 6MPa）给水管；热熔连接；埋深1m；
2. 给水系统由总园区水和总园区泵房加压供给，水源为总园区水，
水压为 0. 3MPa。

> 图3-3-14 绿化给水及室内给排水管线图1 : 150

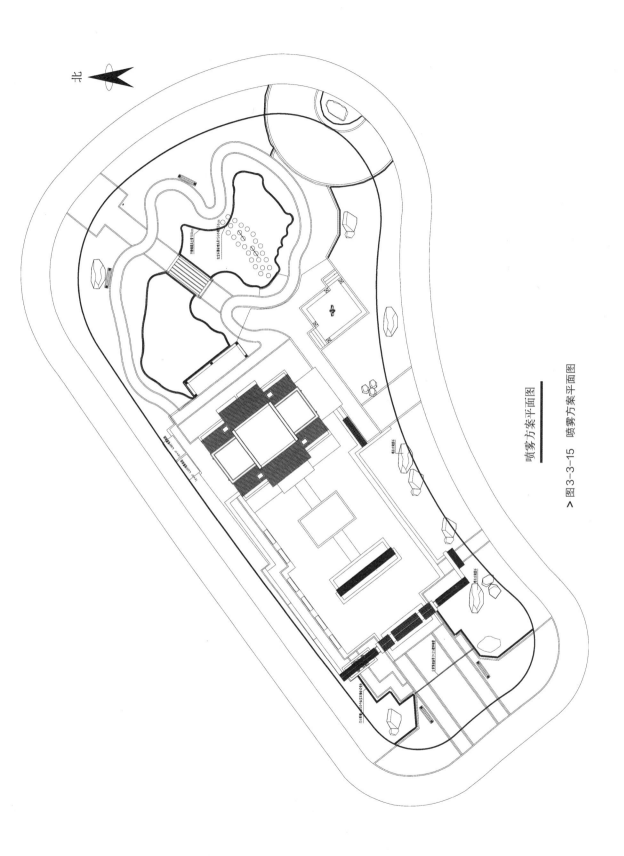

北

喷雾方案平面图

> 图3-3-15 喷雾方案平面图

（2）制图依据

① 设计合同书。

② 甲方确认的园林景观方案设计图。

③ 设计人员现场勘察、测量及相关记录。

④ 本项目周边园区给排水设计图纸。

⑤ 甲方认可的本项目周边园区给排水设计理念。

⑥ 国家及本地区现行的有关规范、规程、规定。

（3）园林给水平面图及注意事项

① 绿化浇灌给水设计可以采用人工浇灌和喷洒浇灌两种形式。

② 取水点间距设置为 5 ~ 10m，其位置距绿化带边 0.5 ~ 0.8m，遇排水管或遇大管错开就近铺设。

③ 若给水管道敷设在过车道下需穿大二号钢套管保护。

④ 如遇特殊情况，需在图下方注释相应说明。

（4）园林排水平面图及注意事项

① 雨水管埋深大于 0.7m、小于 1m，坡度一般小于 1%。

② 雨水口依据设计而定，通常选用平箅式雨水口。

③ 除特别注明外，雨水口与检查井连接管管径为 DN200。

④ 雨水口内均安装不锈钢防蚊闸；雨水箅子采用高强度复合材料（防盗），颜色同周边铺装材料。

⑤ 绿地上检查井均采用带种植草井盖的。

⑥ 绿地、局部硬地地表径流采用 ≥1% 找坡散水的方式，就近排往雨水沟。

⑦ 如遇特殊情况，需在图下方注释相应说明。

3.4　园林景观施工图详图设计

　　园林景观各分项工程的详图是对施工图总图的详解。在绘制时，首先要索引定位准确，能让施工人员准确定位；其次要注意剖切符号和索引编号的运用，做到条理清晰，避免错漏。

　　园林景观施工图的各个节点详图灵活多样、各不相同，下面以武强园工程为例，对包括道路工程、景观建筑物及构筑物工程、景观小品工程、水景工程、给排水工程、电气工程等在内的各节点详图进行一一展示。

3.4.1　道路工程做法详图

　　这里以武强园园路铺装详图为例进行展示（图3-4-1 ~ 图3-4-14）。

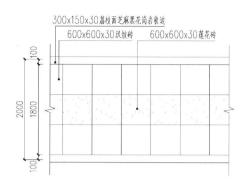

> 图3-4-1　园路一平面图1：30

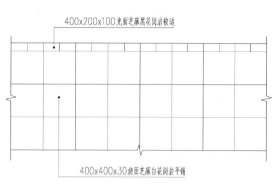

> 图3-4-2　园路二平面图1：30

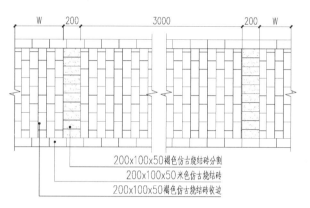

> 图3-4-3　园路三平面图1：30

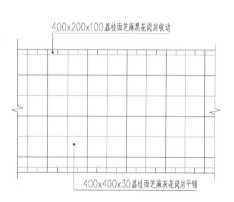

> 图3-4-4　园路四平面图1：30

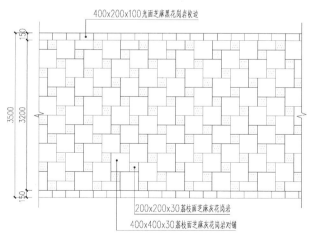

> 图3-4-5　园路五平面图1：30

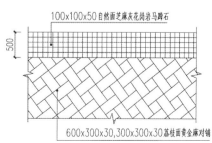

> 图3-4-6　园路六平面图1：30

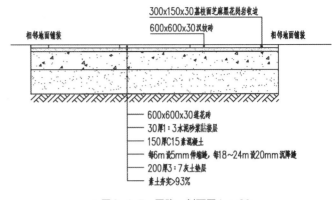

> 图3-4-7　园路一剖面图1：30

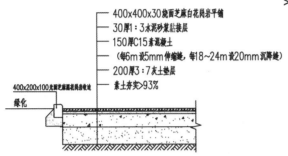

> 图3-4-8　园路二剖面图1：30

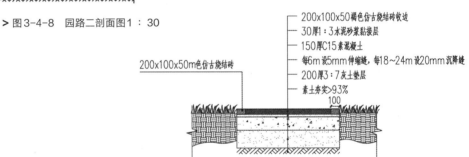

> 图3-4-9　园路三剖面图1：30

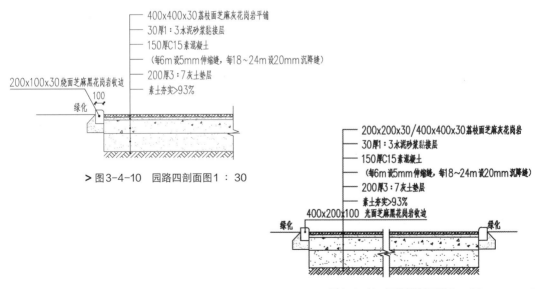

> 图3-4-10　园路四剖面图1：30

> 图3-4-11　园路五剖面图1：30

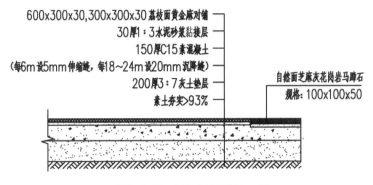

600x300x30,300x300x30荔枝面黄金麻对铺
30厚1：3水泥砂浆黏接层
150厚C15素混凝土
（每6m设5mm伸缩缝，每18~24m设20mm沉降缝）
200厚3：7灰土垫层
素土夯实>93%

自然面芝麻灰花岗岩马蹄石
规格：100x100x50

> 图3-4-12　园路六剖面图1：30

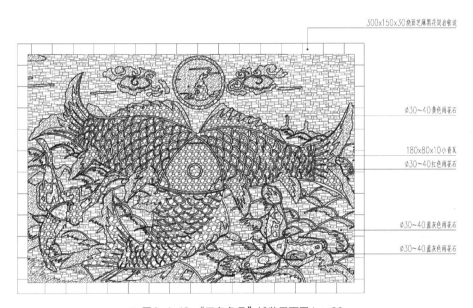

300x150x30烧面芝麻黑花岗岩收边

∅30~40黄色雨花石

180x80x10小青瓦
∅30~40红色雨花石

∅30~40蓝灰色雨花石

∅30~40蓝灰色雨花石

> 图3-4-13　"三鱼争月"铺装平面图1：30

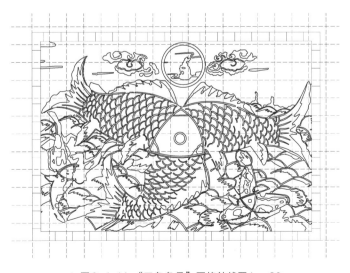

> 图3-4-14　"三鱼争月"网格放线图1：30

3.4.2 景观建筑物、构筑物工程做法详图

（1）景墙工程做法详图

图3-4-15 ～图3-4-21展示了武强园透雕景墙工程做法详图。

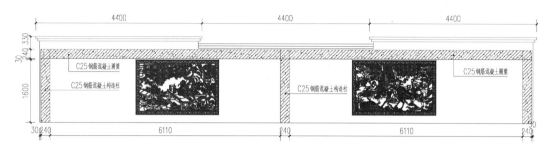

> 图3-4-15 透雕景墙结构布置详图1：50

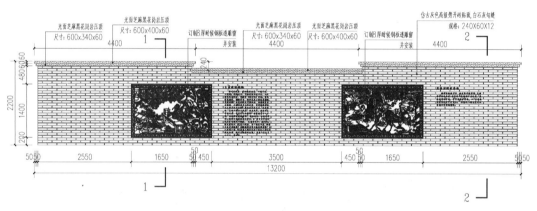

> 图3-4-16 透雕景墙正立面图1：50

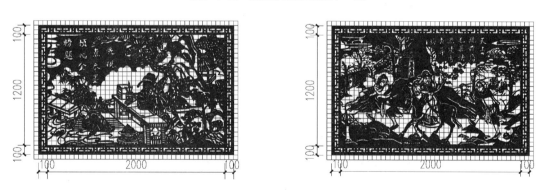

> 图3-4-17 "王羲之《墨池洗砚图》"网格放线图及"孟浩然《踏雪寻梅图》"网格放线图1：30

透雕景墙绘制要点：

① 在绘制景墙结构布置详图时，应精确计算其承重，并以此为依据确定钢筋、水泥的型号等。

② 正立面图的绘制，其尺寸应符合总平面图的要求，并将各材料、工艺尺寸标示清晰。相应剖切位置应对应相应的剖切符号。

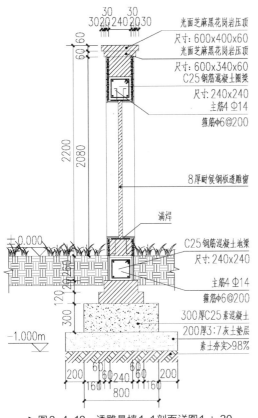

> 图3-4-18 透雕景墙1-1剖面详图1∶30

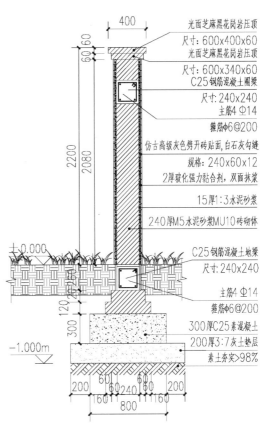

> 图3-4-19 透雕景墙2-2剖面详图1∶30

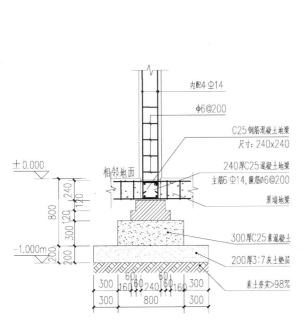

> 图3-4-20 构造柱及地梁配筋详图1∶30

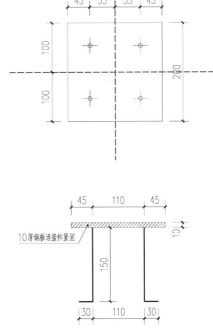

> 图3-4-21 预埋件详图1∶5

（2）流水幕墙及水池工程做法详图

见图3-4-22～图3-4-28。

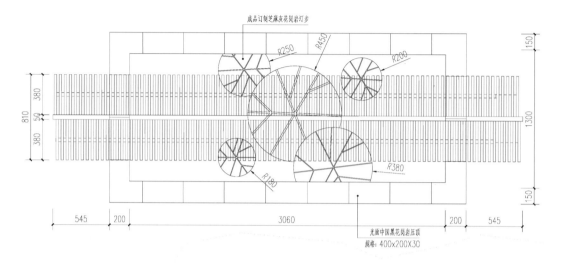

> 图3-4-22　流水幕墙平面图1：30

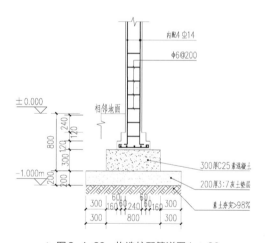

> 图3-4-23　构造柱配筋详图1：30

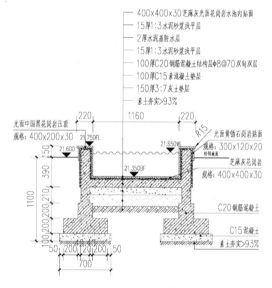

> 图3-4-24　水池做法详图1：30

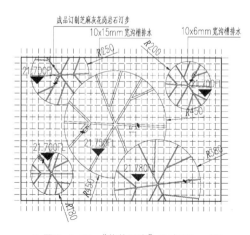

> 图3-4-25　"荷花汀步"尺寸图1：30

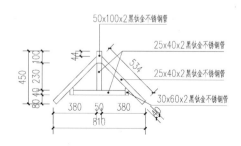

> 图3-4-26　铁架帽顶大样详图1：20

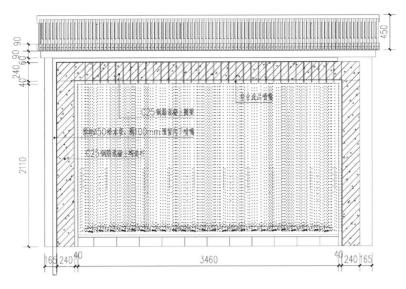

> 图3-4-27 流水幕墙结构布置详图1：30

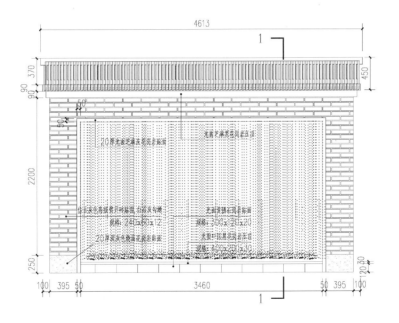

> 图3-4-28 流水幕墙立面详图1：30

（3）主入口东侧L型景墙工程做法详图

见图3-4-29 ~ 图3-4-41。

景墙施工图绘制要点：

① 剖切位置选择要合理，并在平面图中标示清楚。

② 做法要标注详细、清晰、合理，并给出各材料尺寸、规格。

③ 相邻地面要给出做法标注。

④ 垫层厚度应符合相应规范。

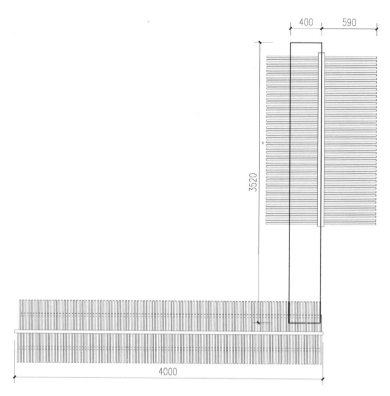

> 图3-4-29 L型景墙平面布置详图1：30

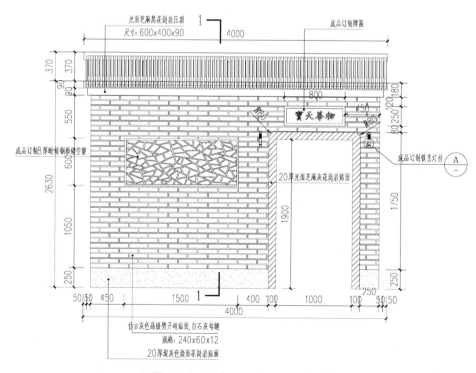

> 图3-4-30 L型景墙正立面详图1：30

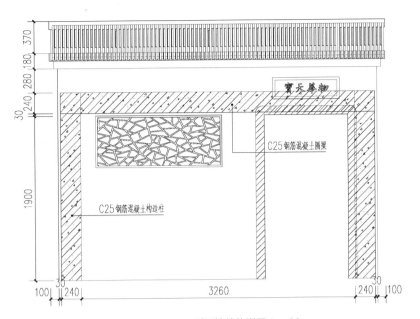

> 图3-4-31　L型景墙结构详图1：30

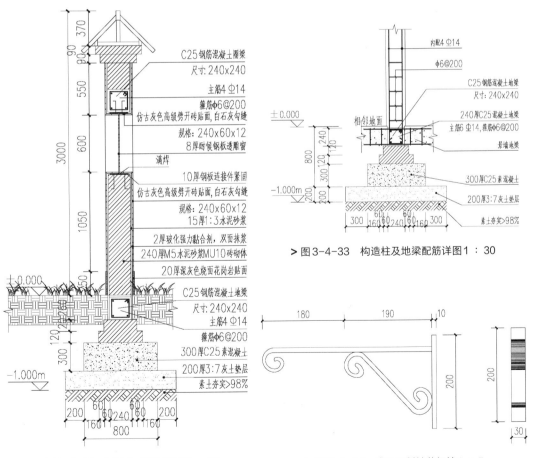

> 图3-4-32　景墙1-1剖面详图1：30

> 图3-4-33　构造柱及地梁配筋详图1：30

> 图3-4-34　成品订制铁艺灯挂1：5

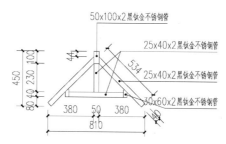

> 图3-4-35 钢架帽顶大样详图1：20
注：①每个连接点均为满焊。
②成品订制，并安装。

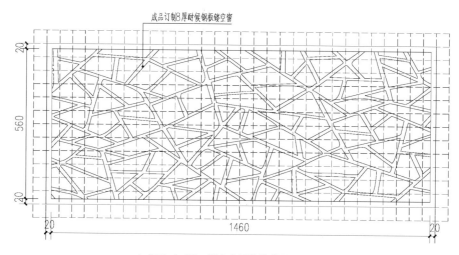

> 图3-4-36 镂空窗网格放线图1：10
注：网格间距为50mm。

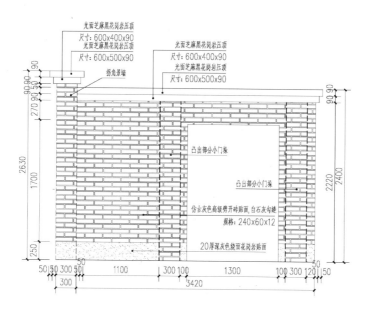

> 图3-4-37 L型景墙侧立面详图1：30

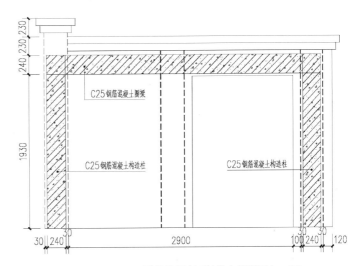

> 图3-4-38 L型景墙侧立面结构布置详图1：30

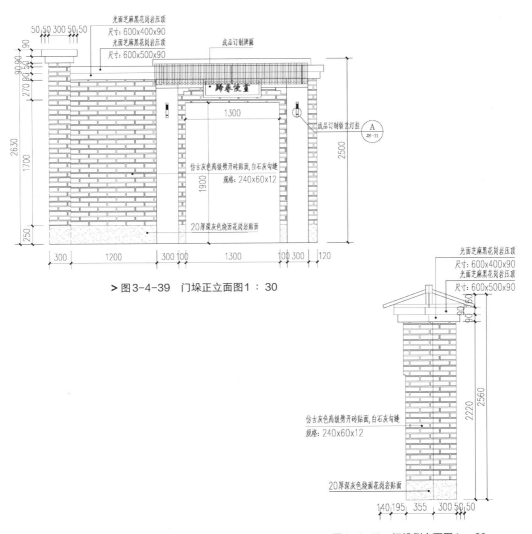

> 图3-4-39 门垛正立面图1：30

> 图3-4-40 门垛侧立面图1：30

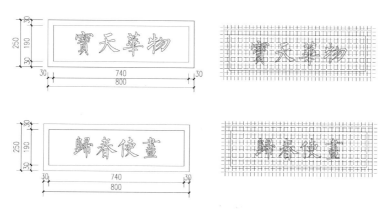

> 图3-4-41　牌匾网格放线图1：10

（4）镂空花窗挡土墙工程做法详图

见图3-4-42～图3-4-46。

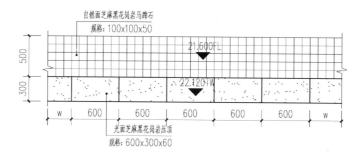

> 图3-4-42　镂空花窗挡土墙平面详图1：30

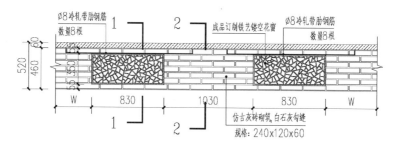

> 图3-4-43　镂空花窗挡土墙立面详图1：30

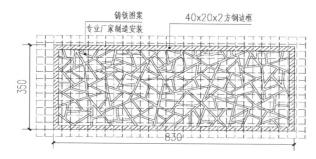

> 图3-4-44　铁艺花窗网格放线图1：10

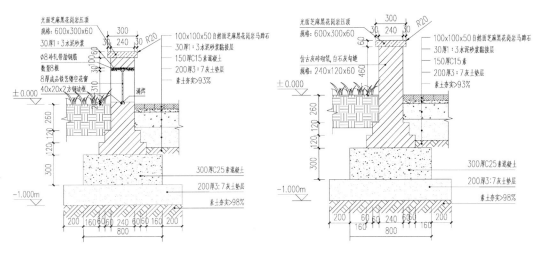

> 图3-4-45　挡土墙1-1剖面详图1：20

> 图3-4-46　挡土墙2-2剖面详图1：20

（5）月洞门工程做法详图

见图3-4-47～图3-4-50。

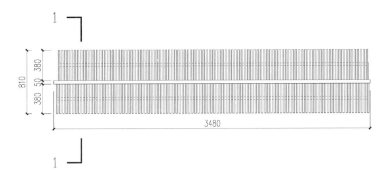

> 图3-4-47　月洞门平面图1：30

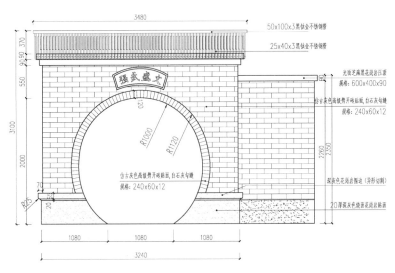

> 图3-4-48　月洞门立面图1：30

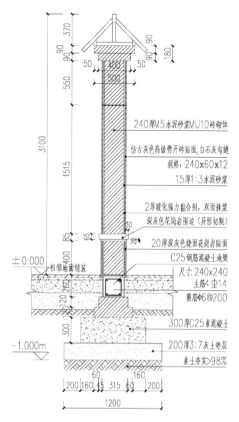

240厚M5水泥砂浆MU10砖砌体

仿古灰色高级劈开砖贴面，白石灰勾缝
规格：240×60×12
15厚1:3水泥砂浆

2厚玻化强力黏合剂，双面抹浆
深灰色花岗岩围边（异形切割）
20厚深灰色烧面花岗岩贴面
C25钢筋混凝土地梁
尺寸：240×240
主筋4Φ14
箍筋Φ6@200

±0.000 相邻地面铺装

300厚C25素混凝土

200厚3:7灰土垫层
素土夯实>98%

-1.000m

> 图3-4-49　月洞门1-1剖面详图1：30

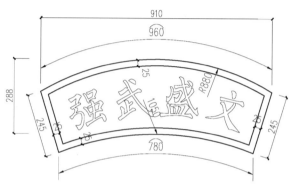

> 图3-4-50　月洞门牌匾尺寸详图1：10
注：①字体为柳公权柳体繁，阴刻，字体颜色为湖蓝。
　　②牌匾选用上等榉木实木板雕刻，成品订制。

（6）次入口工程做法详图

见图3-4-51～图3-4-54。

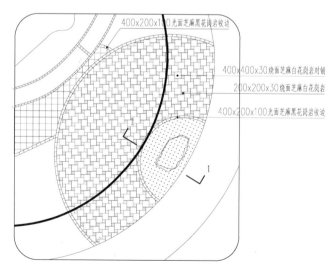

400×200×100光面芝麻黑花岗岩收边

400×400×30烧面芝麻白花岗岩对铺
200×200×30烧面芝麻白花岗岩
400×200×100光面芝麻黑花岗岩收边

> 图3-4-51　次入口铺装平面图1：50

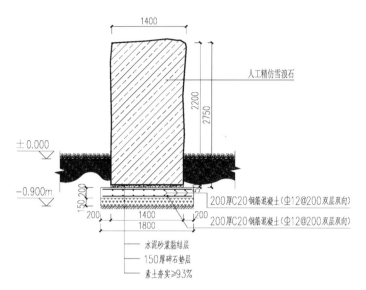

> 图3-4-52 次入口1-1剖面详图1：50

注：①次入口景观置石为人工精仿雪浪石，长2.5m、厚1.4m、高2.2m。
　　②刻字"武强园"字体为书体米芾体。
　　③由高级工艺师亲自现场创作。

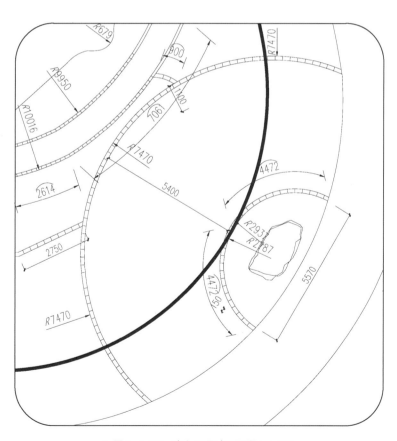

> 图3-4-53 次入口尺寸平面图1：100

⑤ 次入口雪浪石意向图 1:100

> 图3-4-54 次入口雪浪石意向图

注：①主入口景观置石为人工精仿雪浪石，长2.5m、厚1.6m、高1.5m。

②刻字为"千年古县武强园"。"千年古县"字体为老宋体，"武强园"字体为书体米芾体。

③由高级工艺师亲自现场创作。

（7）"六子争鸣"影壁墙工程做法详图

见图3-4-55～图3-4-62。

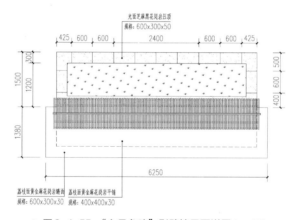

> 图3-4-55 "六子争鸣"影壁墙平面详图1：50

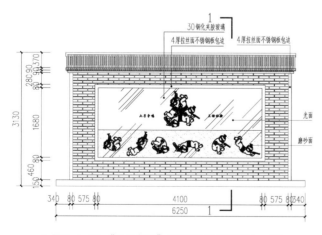

> 图3-4-56 "六子争鸣"影壁墙正立面详图1：50

注：①文字字体为行楷。

②玻璃墙上部"六子争鸣"图形及文字均与玻璃墙为一体。

③玻璃墙下部"六子"图形用亚克力材质制作，为可移动的单体。

④"六子争鸣"互动体验展示设备一套，从专业厂家订制安装。

> 图3-4-57 "六子争鸣"影壁墙平面详图1∶50

注：①"六子"腹部方格子代表预留孔洞位置，且为直径14mm圆形孔。

②不锈钢螺栓柱头探出的尺寸与相对应的亚克力娃娃尺寸相同。

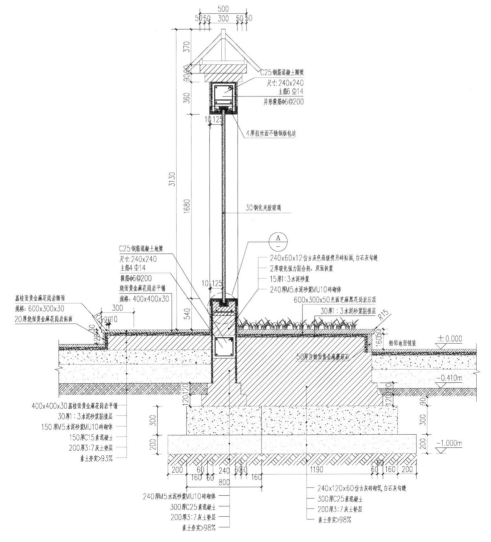

> 图3-4-58 1-1剖面图1∶20

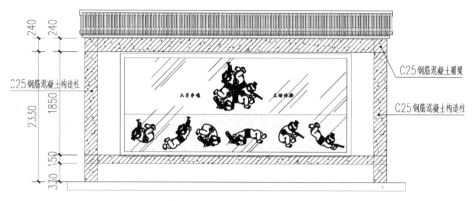

> 图3-4-59 "六子争鸣"影壁墙结构布置详图1：50

构造柱及配筋图要点：

① 称重计算要准确严谨，配筋数量型号适宜，避免出现浪费现象。

② 相应垫层厚度应符合相应规范要求。

③ 尺寸、材料规格标示清晰、明确。

④ 相邻地面给予标示，构造柱位置要清晰。

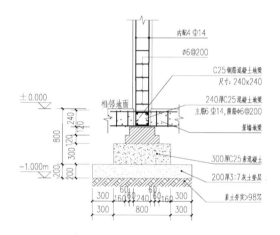

> 图3-4-60 构造柱及配筋布置详图1：50

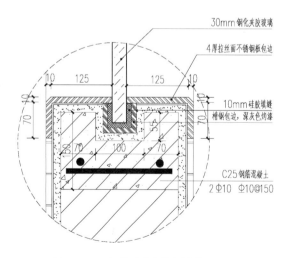

> 图3-4-61 钢化玻璃安装大样详图1：5

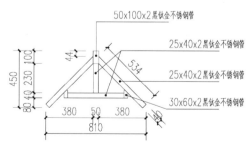

> 图3-4-62 钢架帽顶大样详图1：20
> 注：①每个连接点均为满焊。
> ②成品订制，并安装。

（8）入口大门工程做法详图

见图3-4-63～图3-4-72。

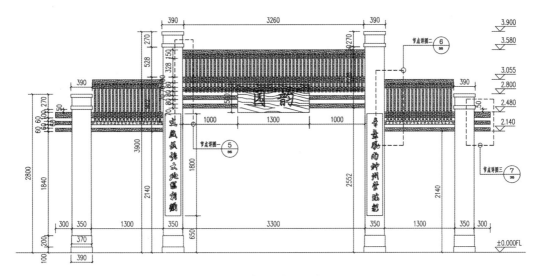

> 图3-4-63 大门正立面尺寸图1：30

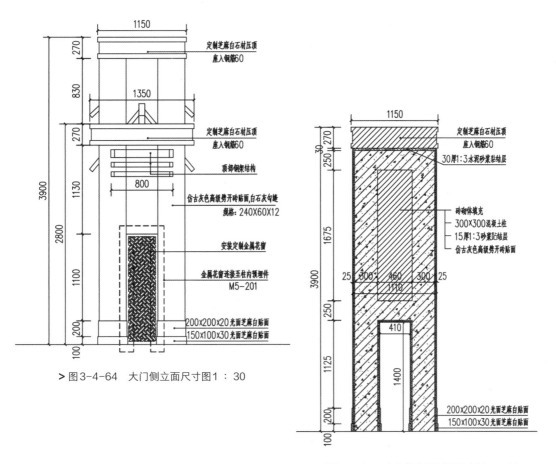

> 图3-4-64 大门侧立面尺寸图1：30

> 图3-4-65 大门侧立面剖面尺寸图1：30

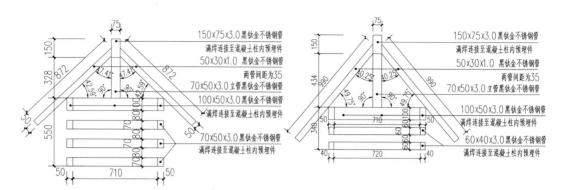

> 图3-4-66 大门帽顶尺寸详图1：30

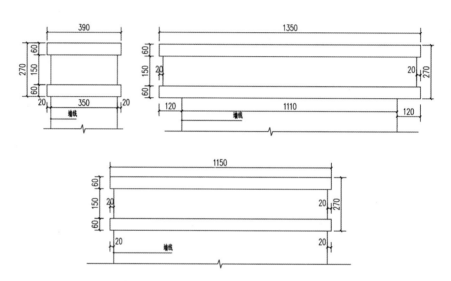

> 图3-4-67 压顶石正、侧立面尺寸详图1：10
>
> 注：订制光面芝麻白石材压顶。

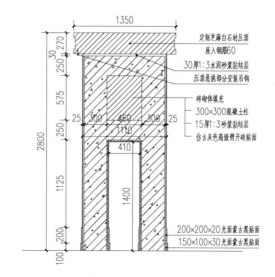

> 图3-4-68 大门侧立面剖面1：30

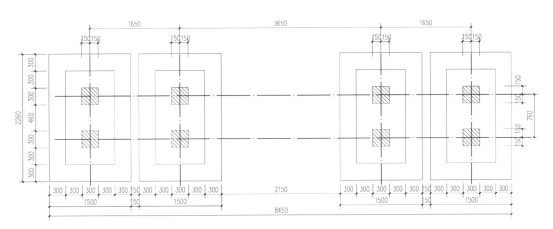

> 图3-4-69　门柱基础平面尺寸图1：30

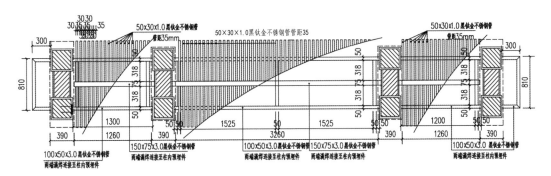

> 图3-4-70　门柱上部钢架尺寸图1：30

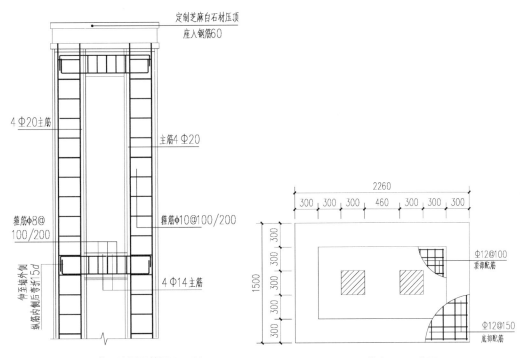

> 图3-4-71　柱及连梁配筋图1：30

> 图3-4-72　基础平面配筋图1：30

（9）单臂廊架做法详图

图3-4-73～图3-4-78展示了海南水晶绿岛居住区单臂廊架做法。

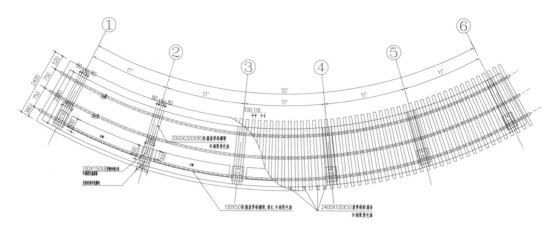

> 图3-4-73　单臂廊架平面图

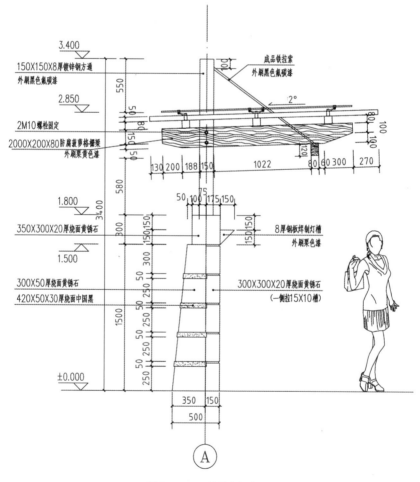

> 图3-4-74　单臂廊架立面图

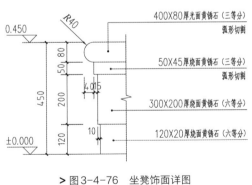

150X150X8厚镀锌钢方通
外刷黑色氟碳漆

100X50防腐菠萝格檩条
外刷栗黄色漆

成品铁拉索
外刷黑色氟碳漆

80X80X4氮源通长钢
外刷栗黄色漆

2000X200X80防腐菠萝格櫊梁
外刷黑色氟碳漆

260X550X20厚烧面黄锈石

2 Φ6钢筋与灯槽焊接

灯具,详见电施

300X300X20厚烧面黄锈石

8厚钢板焊制灯槽
外刷栗黄色漆

420X50X30厚烧面中国黑

预埋件,200X200X10厚钢板
2 Φ16钢筋与钢筋焊接

300X20厚烧面黄锈石
20厚1:2.5水泥砂浆
MU10砖,M7.5水泥砂浆砌

300X300X20厚烧面黄锈石(一侧铣15X10槽)
20厚1:2.5水泥砂浆
250X250C25钢筋混凝土柱,详见结构

100厚C15混凝土垫层
150厚级配碎石垫层
素土夯实,密度系数>93%

铺装详见平面
30厚1:3干硬性水泥砂浆
100厚C15混凝土垫层
150厚级配碎石垫层
素土夯实,密度系数>93%

C25钢筋混凝土基础,详见结构
100厚C15混凝土垫层
150厚级配碎石垫层
素土夯实,密度系数>93%

> 图3-4-75 单臂廊架剖面图

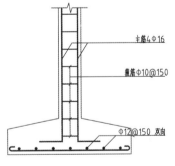

400X80厚光面黄锈石(三等分)
弧形切割

50X45厚烧面黄锈石(三等分)
弧形切割

300X200厚烧面黄锈石(六等分)

120X20厚烧面黄锈石(六等分)

> 图3-4-76 坐凳饰面详图

主筋4Φ16

箍筋Φ10@150

Φ12@150 双向

> 图3-4-77 柱体配筋图

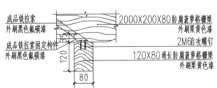

成品铁拉索
外刷黑色氟碳漆

成品铁拉索固定构件
外刷黑色氟碳漆

2000X200X80防腐菠萝格櫊梁
外刷栗黄色漆
2M6自攻螺钉

120X80通长防腐菠萝格櫊梁
外刷栗黄色漆

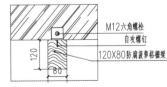

M12六角螺栓
自攻螺钉

120X80防腐菠萝格櫊梁

> 图3-4-78 单臂廊架节点详图

3.4.3 景观小品工程做法详图

（1）"音破云天"演奏台工程详图

见图3-4-79～图3-4-91。

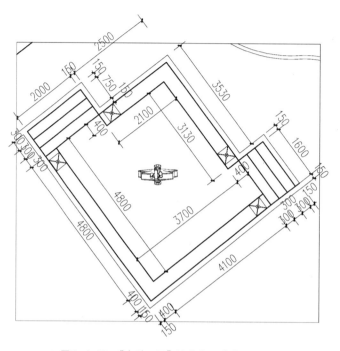

> 图3-4-79 "音破云天"演奏台尺寸详图1：80

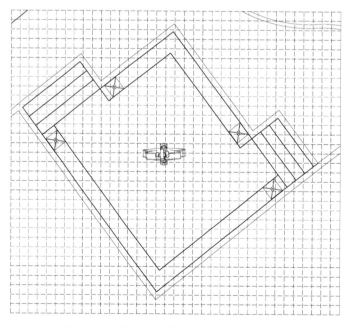

> 图3-4-80 "音破云天"演奏台网格放线图1：80

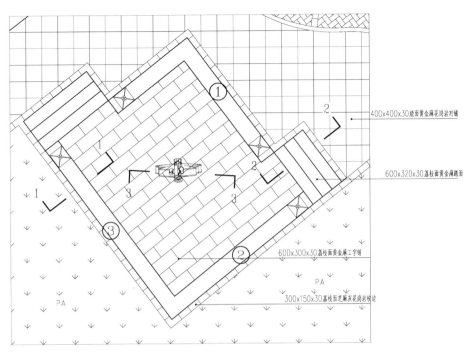

> 图3-4-81 "音破云天"演奏台材料铺装图1：80

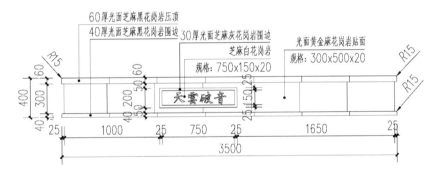

> 图3-4-82 "音破云天"演奏台1号外墙立面详图1：30

　　注：①墙上文字采用不锈钢金属材质。

　　　　②字体为柳公权柳体繁，成品订制，并安装。

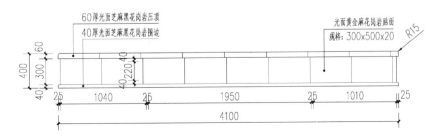

> 图3-4-83 "音破云天"演奏台2号墙内立面详图1：30

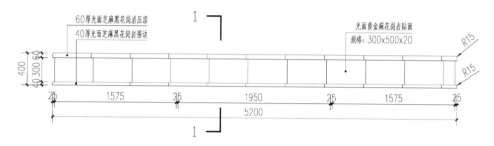

600x150x20磊枝面黄金麻踏板
600x320x30磊枝面黄金麻踏面
150 150 150
20
880
600x300x20磊枝面黄金麻

60厚光面芝麻黑花岗岩压顶
仿古灰色高级烧烤开砖贴面，白石灰勾缝
40厚光面芝麻黑花岗岩围边
规格：240x60x12
光面黄金麻花岗岩贴面
规格：300x500x20
R15
R15
300 300 300
360
490
5200

> 图3-4-84　"音破云天"演奏台3号墙外立面详图1：30

60厚光面芝麻黑花岗岩压顶
40厚光面芝麻黑花岗岩围边
光面黄金麻花岗岩贴面
规格：300x500x20
1
400
40 300 60
R15
R15
25 1575 25 1950 25 1575 25
5200
1

> 图3-4-85　"音破云天"演奏台3号墙内立面详图1：30

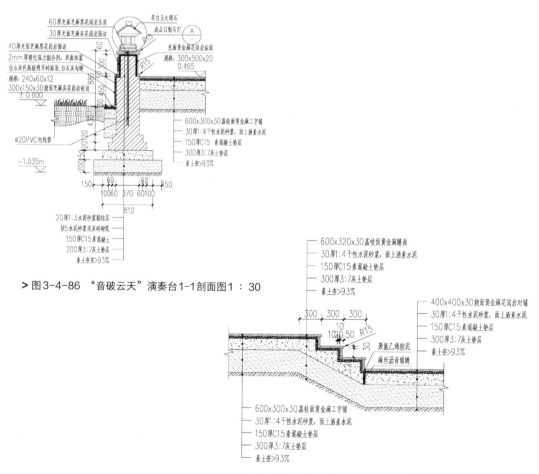

60厚光面芝麻黑花岗岩压顶
30厚光面芝麻灰花岗岩围边
40厚光面芝麻黑花岗岩围边
2mm厚破化应力胶合剂，双面抹浆
仿古灰色高级烧烤开砖贴面，白石灰勾缝
规格：240x60x12
300x150x30烧面芝麻花花岗岩收边
±0.000
Ø20PVC电线管
−1.035m

草白玉大理石
成品订制石灯
R15
A
—
光面黄金麻花岗岩贴面
规格：300x500x20
0.465
600x300x30磊枝面黄金麻工字铺
30厚1:4干性水泥砂浆，面上洒素水泥
150厚C15素混凝土垫层
300厚3:7灰土垫层
素土夯>93%

20厚1:3水泥砂浆黏结层
M5水泥砂浆老灰砖砌筑
150厚C15素混凝土
200厚3:7灰土垫层
素土夯实>93%
150 60 60 150
1006 0 370 60100
810

> 图3-4-86　"音破云天"演奏台1-1剖面图1：30

600x320x30磊枝面黄金麻踏面
30厚1:4干性水泥砂浆，面上洒素水泥
150厚C15素混凝土垫层
300厚3:7灰土垫层
素土夯>93%
400x400x30烧面黄金麻花岗岩对铺
30厚1:4干性水泥砂浆，面上洒素水泥
150厚C15素混凝土垫层
300厚3:7灰土垫层
素土夯>93%
300 300 300
10
1020 50 R15
30
熏氯乙烯胶泥
麻丝沥青填缝
600x300x30磊枝面黄金麻工字铺
30厚1:4干性水泥砂浆，面上洒素水泥
150厚C15素混凝土垫层
300厚3:7灰土垫层
素土夯>93%

> 图3-4-87　"音破云天"演奏台2-2剖面图1：30

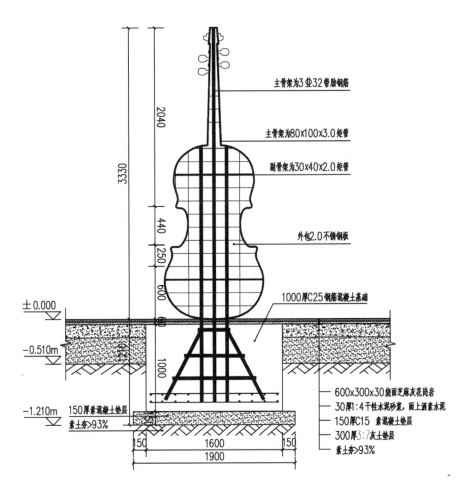

> 图3-4-88 雕塑大提琴正立面结构配筋详图1：30

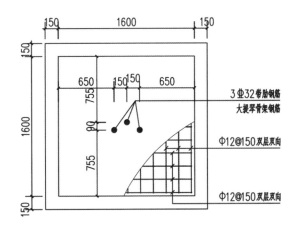

> 图3-4-89 基础配筋详图1：20

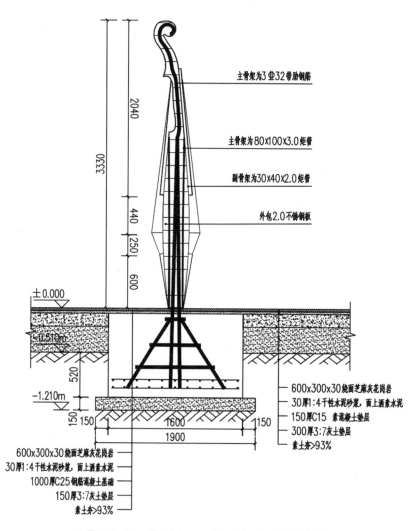

> 图3-4-90　雕塑大提琴侧立面结构配筋详图1：30

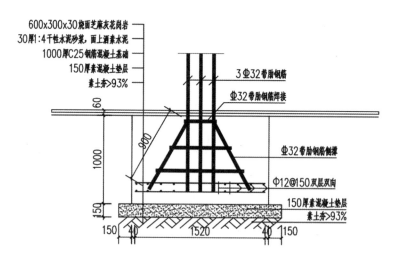

> 图3-4-91　基础剖面配筋详图1：30

（2）特色坐凳工程做法详图

见图3-4-92～图3-4-103。

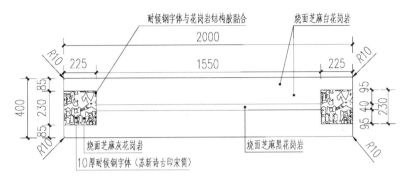

> 图3-4-92 坐凳平面详图1：20

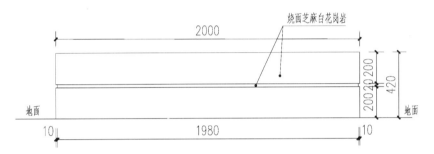

> 图3-4-93 坐凳正立面详图1：20

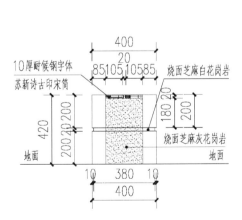

> 图3-4-94 大样详图1：10

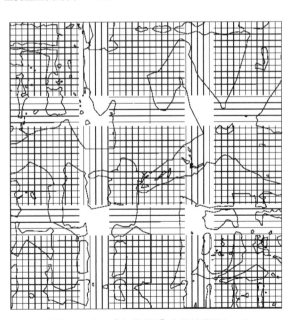

> 图3-4-95 "文盛武强"字体放线图1：5

注：①网格尺寸5mm×5mm。

②字体为苏新诗古印宋简。

③字体材质为耐候钢，精品订制并由专业技术人员安装指导。

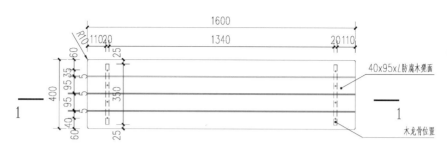

> 图3-4-96 坐凳平面详图1：20

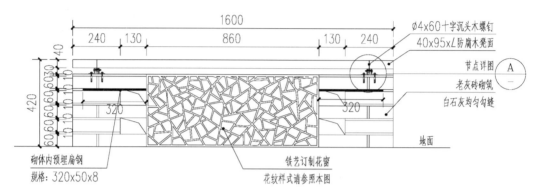

> 图3-4-97 坐凳正立面详图1：15

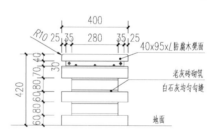

> 图3-4-98 坐凳侧立面图1：15

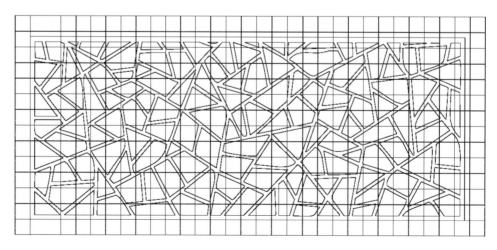

> 图3-4-99 铁艺花窗网格放线图1：10

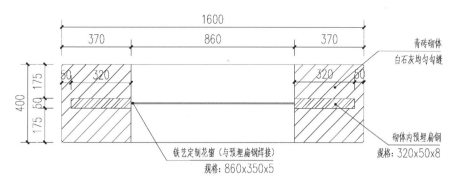

> 图3-4-100　坐凳1-1断面图1：15

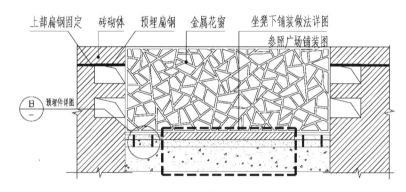

> 图3-4-101　坐凳正立面局部剖面图1：15

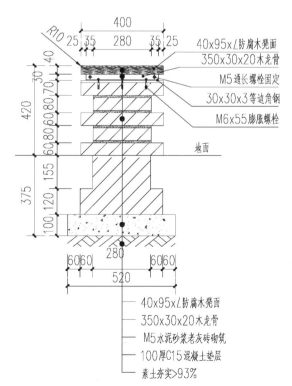

> 图3-4-102　坐凳剖面图1：15

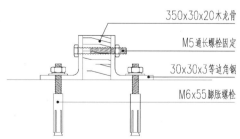

> 图3-4-103　节点大样详图1：2

（3）标示牌工程做法详图

见图3-4-104～图3-4-108。

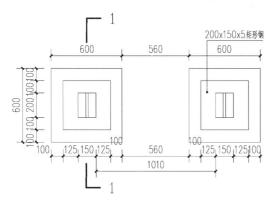

> 图3-4-104　基础平面图1：20

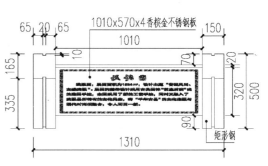

> 图3-4-105　导视牌立面图1：20

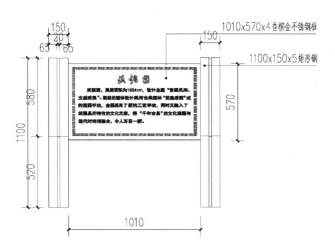

> 图3-4-106　导视牌正立面图1：20

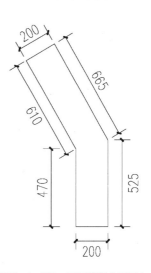

> 图3-4-107　导视牌侧立面图1：20

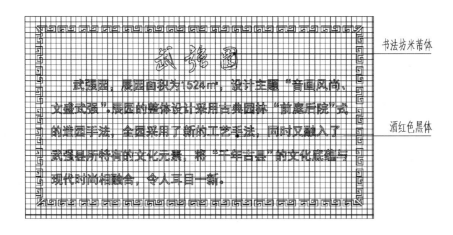

> 图3-4-108　导视牌网格放线图1：20

3.4.4　水景工程做法详图

（1）驳岸、池底及梅花桩工程做法详图

见图3-4-109 ～图3-4-112。

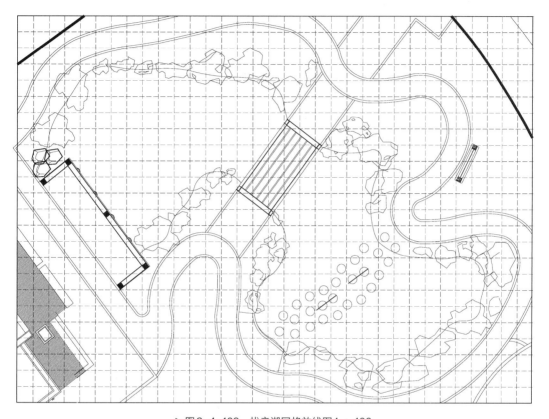

> 图3-4-109　拢音湖网格放线图1：100

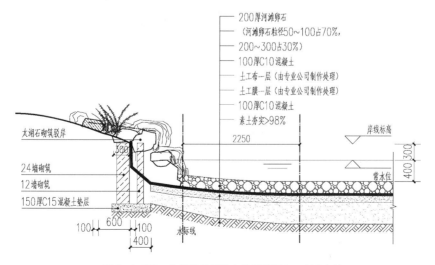

> 图3-4-110　自然驳岸及池底做法详图1：100（1）

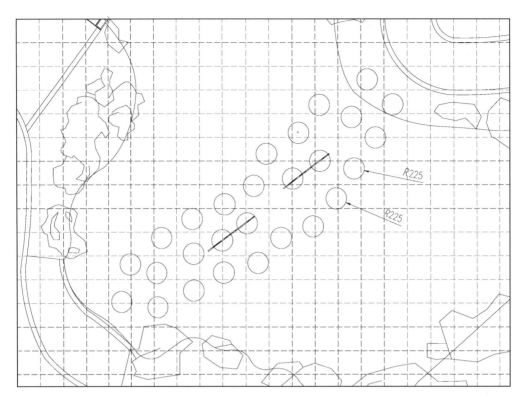

> 图3-4-111 自然驳岸及池底做法详图1：100（2）

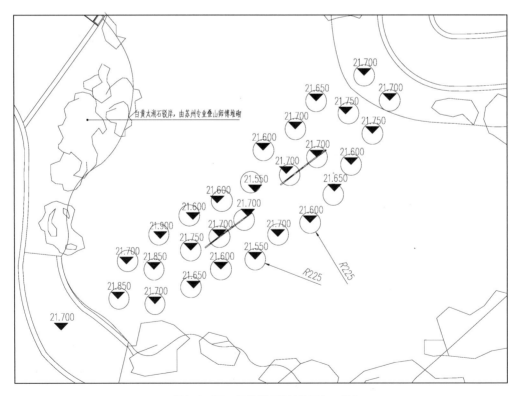

> 图3-4-112 梅花桩网格放线图1：100

（2）"踏水听琴"木栈台工程做法详图

见图3-4-113～图3-4-118。

柱梁布置图绘制要点：

① 承重计算要精确合理，符合相关规范。

② 用料适宜，不浪费。

③ 分布位置合理、明确。

④ 相关尺寸、材料、材质要标示清楚。

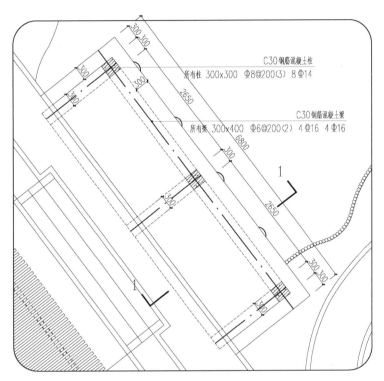

C30钢筋混凝土柱
所有柱 300x300 Φ8@200(3) 8 Φ14

C30钢筋混凝土梁
所有梁 300x400 Φ6@200(2) 4 Φ16 4 Φ16

> 图3-4-113 "踏水听琴"柱梁布置图1：50

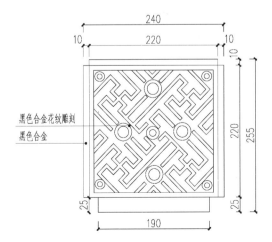

黑色合金花纹雕刻
黑色合金

> 图3-4-114 栏杆节点大样1：25

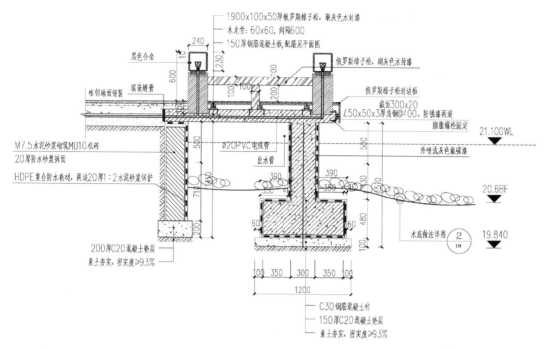

> 图3-4-115　"踏水听琴"1-1剖面图1：30

剖面图绘制要点：

① 选择合理的剖切位置，显示信息明确。

② 与湖底相接处的防水处理应详细。

③ 材料尺寸标示要清晰。

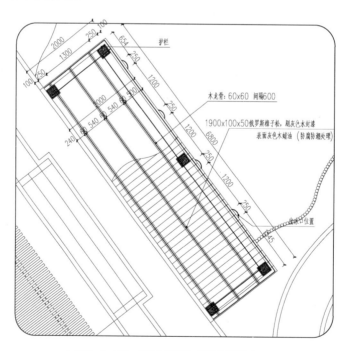

> 图3-4-116　"踏水听琴"龙骨布置图1：50

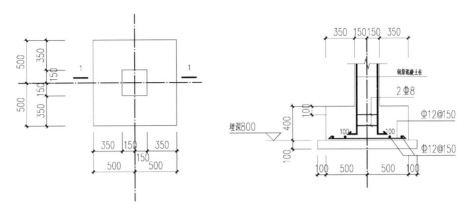

> 图3-4-117 "踏水听琴"基础平面图1：25

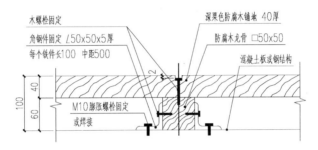

> 图3-4-118 "踏水听琴"龙骨衔接节点大样1：25

注：① 混凝土梁、板、柱钢筋净保护层厚度分别为30/20/35mm，基础为40mm。

② 平台板板厚150mm，双层双向配筋。

③ 地基承载力特征值（fak）不应小于100。

（3）"拢音湖"畔小亲水平台工程做法详图

见图3-4-119～图3-4-121。

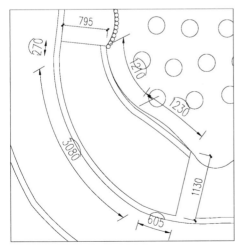

> 图3-4-119 亲水平台尺寸平面图1：50

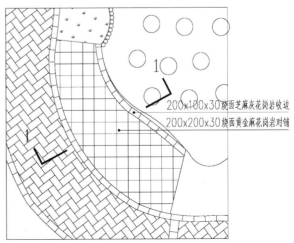

> 图3-4-120 亲水平台铺装平面图1：50

平面图绘制要点：

① 亲水平台尺寸、规格应与整体布局相协调。

② 在追求铺装样式吸引人外，还应兼顾考虑材料的防滑、防水等特性。

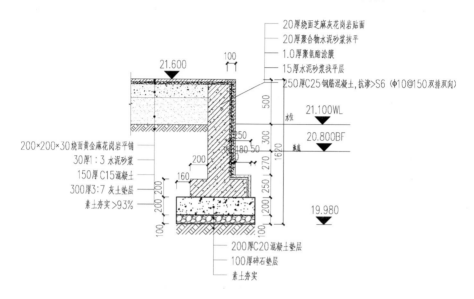

> 图3-4-121　1-1剖面图1：50

剖面图绘制要点：

① 选择合理的剖切位置，显示信息明确。

② 与湖底相接处的防水处理应详细。

③ 材料尺寸标示要清晰。

（4）六弦桥工程做法详图

见图3-4-122 ～图3-4-132。

> 图3-4-122　六弦桥平面尺寸详图1：50

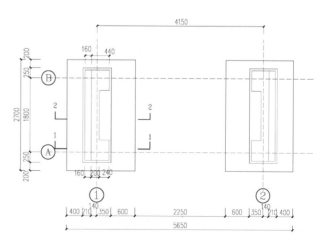

> 图3-4-123　六弦桥平面基础详图1：50

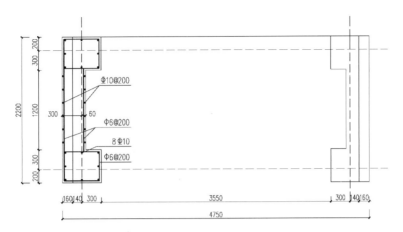

> 图3-4-124 桥墩平面图1：50

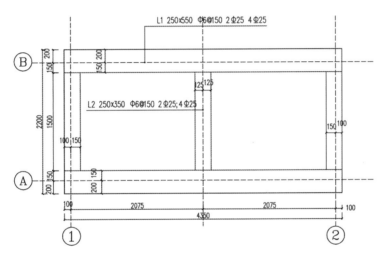

> 图3-4-125 桥梁平面图1：50

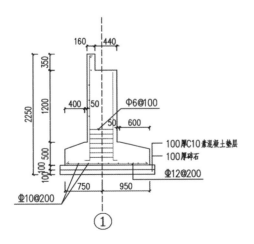

> 图3-4-126 六弦桥1-1剖面图1：50

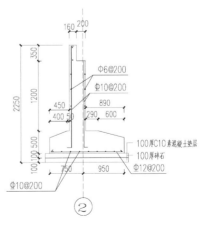

> 图3-4-127 六弦桥2-2剖面图1：50

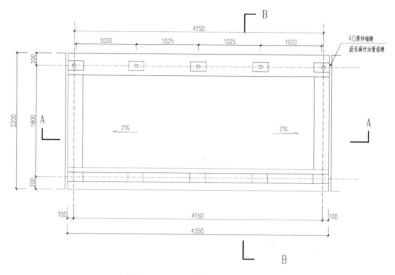

> 图3-4-128 栏杆平面图1：30

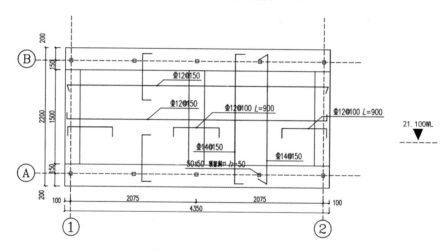

> 图3-4-129 桥板配筋图1：30

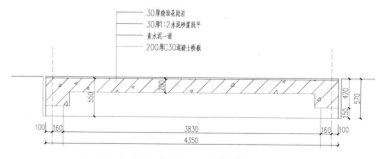

> 图3-4-130 六弦桥A-A桥面剖面图1：30

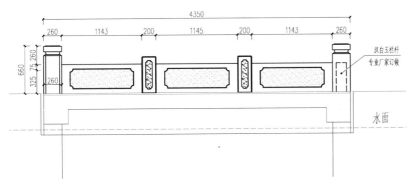

> 图3-4-131 栏杆立面图1：30

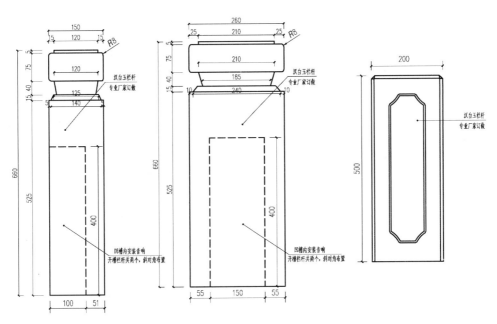

> 图3-4-132 栏杆大样图1：30

3.4.5 挡土墙工程做法详图

见图3-4-133～图3-4-136。

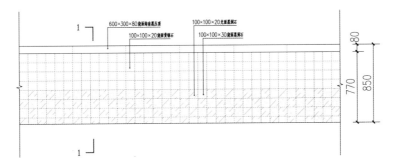

> 图3-4-133 挡土墙立面图

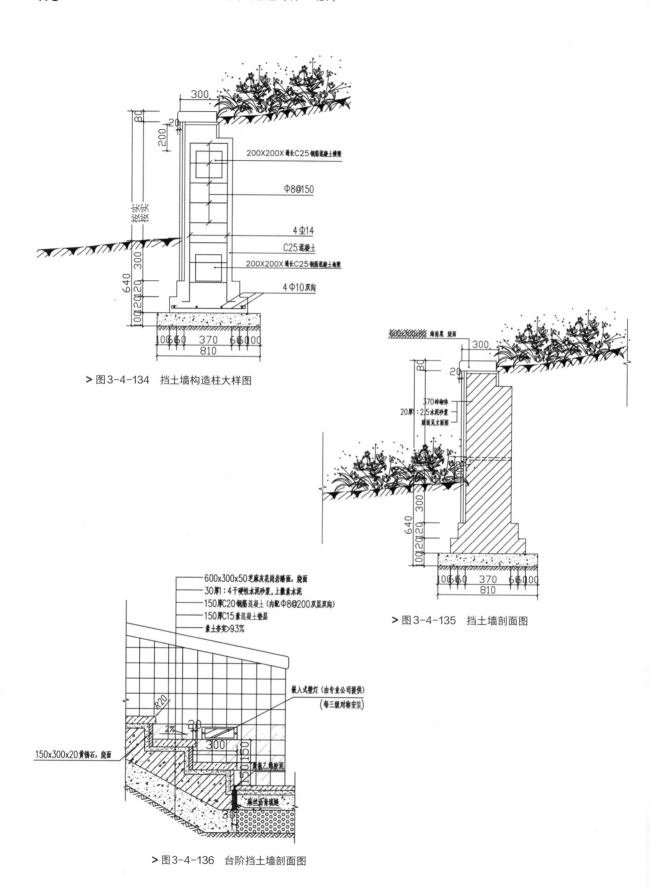

> 图3-4-134　挡土墙构造柱大样图

> 图3-4-135　挡土墙剖面图

> 图3-4-136　台阶挡土墙剖面图

3.4.6 给排水工程做法详图

见图3-4-137~图3-4-139。

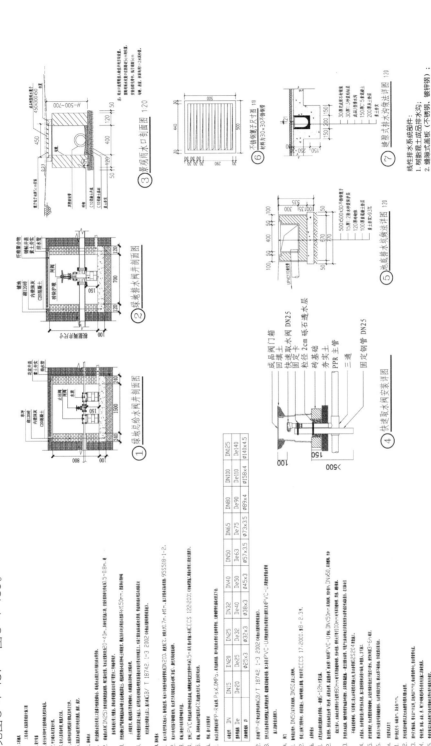

> 图3-4-137 给排水说明及安装大样图

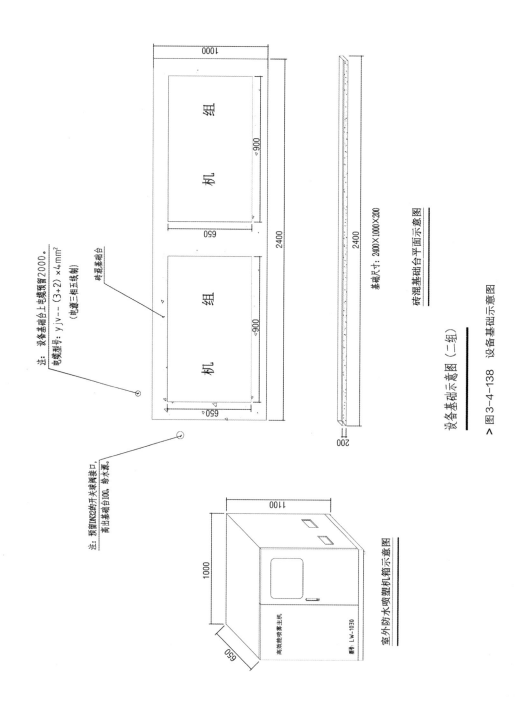

设备基础示意图（二组）

砖混基础台平面示意图

基础尺寸：2400×1000×200

注：设备基础台上电缆预留2000。
电缆型号：yjv－－（3+2）×4mm²
（电源三相五线制）

砖混基础台

机 组

机 组

注：预留DN20的开关球阀接口，
高出基础台100，给水源。

室外防水喷塑机箱示意图

高效能喷雾主机

翠特 LW-1030

> 图3-4-138 设备基础示意图

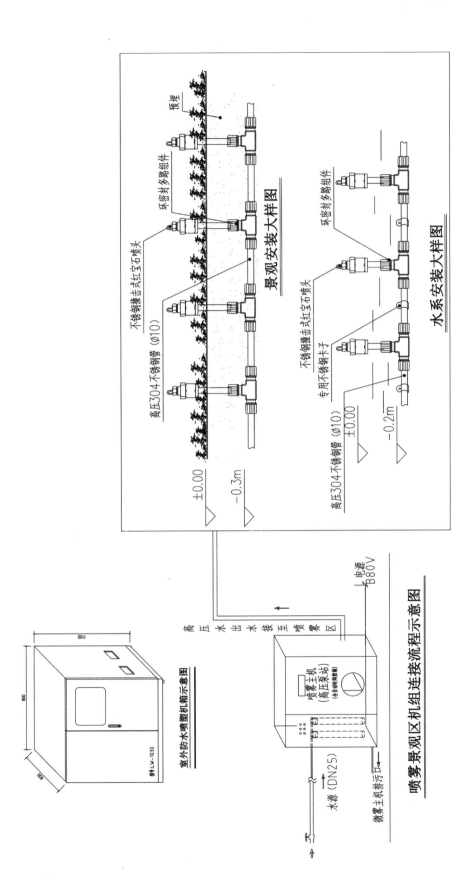

> 图3-4-139 喷雾安装工艺流程图

3.4.7 电气工程做法详图

见图3-4-140、图3-4-141。

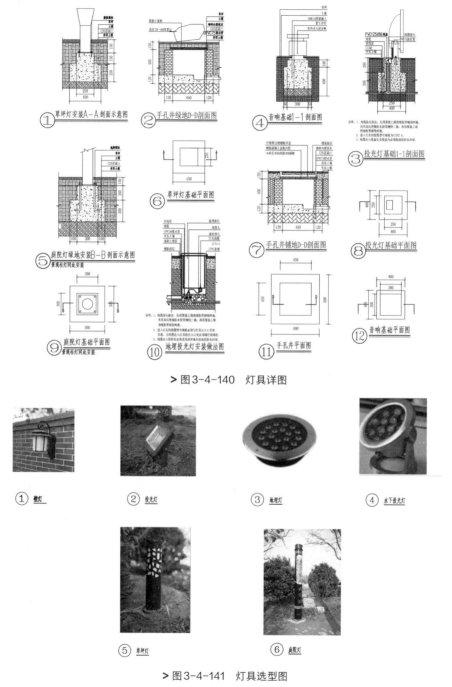

> 图3-4-140 灯具详图

> 图3-4-141 灯具选型图

课后实训与思考

1.在书中施工图总图部分选两张总图，利用CAD软件进行临摹，要求标注清晰准确、规范严谨。

2.参考书中所绘制的景观构筑物详图，任选一项身边的景观构筑物进行施工图绘制。

4

施工建造及实景效果

学习目标

1. 通过对园林景观实景效果的观摩学习，提升创新意识，强化自身专业素养。

2. 了解园林景观图纸落地的过程，明确图纸与实景之间的关系，把控各园林景观各节点建造后的实景效果。

3. 具备对优秀园林景观实景进行分析和借鉴设计的能力。

完成施工图设计之后，即进入项目施工阶段。下面以园林景观实际项目为例，详细讲解施工建造过程，并用丰富的图例展示实景效果。

4.1　景墙建造及实景效果

景墙是园林景观中一道靓丽的风景，既可以产生障景的作用，又能够用不同的图文来展示、宣传园林所在地区的特色。这里以武强园"六子争鸣"景墙为例进行建造过程分析。

（1）开槽

施工前要做好地面排水工作，保持基坑地面干燥，根据施工图定位放线，达到设计标高后进行夯实。由监理、设计、施工、质检四方现场检查签证后，报质检工程师验证，方可继续进行施工（图4-1-1）。

（2）基础施工

按照要求开挖基槽并夯实灰土垫层后，进行C15混凝土垫层浇筑。基础支护采用木模一次支护成型的方式（图4-1-2）。

支模注意事项如下。

① 模板及其支架应该具有足够的承载力、刚度和稳定性，能够可靠地承受浇注混凝土的重量、侧压力和施工荷载。

② 切割的多层板的边角应刨光并涂刷模板封边漆。面板的拼缝应严密、表面平整，模板应符合设计要求，木方用压刨压平。

> 图4-1-1　"六子争鸣"景墙开槽现场

> 图4-1-2　"六子争鸣"景墙基础支护

（3）基础浇筑后，开始砌筑

对基础进行浇筑、砌筑（图4-1-3）。注意事项如下。

① 横平竖直，砂浆饱满，厚薄均匀，接槎牢固。

② 砖砌体组砌方法应正确，上下错缝，内外搭砌，砖柱不得采用包心砌法。

③ 砖砌体的灰缝应横平竖直，不得使墙体出现歪曲。

（4）基础回填后，开始浇筑地梁

① 梁浇筑时顺次梁方向进行，用"赶浆法"由梁的一端向另一端呈阶梯性向前推进，直至起始点的混凝土达到梁顶位置。

② 浇注柱梁交叉处混凝土时，如果钢筋较密，可以用小直径振动棒从梁的上部钢筋较稀处插入梁端进行振捣。

> 图4-1-3　基础浇筑后，开始砌筑

③ 注意梁、板混凝土振捣之前，混凝土输送管需要用钢筋或木马凳支垫，不可以直接放在钢筋上（图4-1-4）。

④ 浇注混凝土时应当经常观察模板、钢筋、预留孔洞、预埋铁件和插筋等有无移位、变形或堵塞现象，发现问题应当立即停止浇注，并在已浇注的混凝土凝固前将问题处理好（图4-1-5）。

> 图4-1-4　地梁浇筑准备

> 图4-1-5　地梁混凝土浇注

（5）景墙实景效果

"六子争鸣"景墙实景效果如图4-1-6、图4-1-7所示。

> 图4-1-6　武强园"六子争鸣"景墙实景（1）

> 图4-1-7　武强园"六子争鸣"景墙实景（2）

4.2　亭台建造及实景效果

亭台是园林景观中重要的景点，其造型多样，但基本结构大致相同，即由一个屋顶、几根柱子构成，中空。亭台在园林景观中起很重要的作用，它能把外界大空间的景象吸收到这个小空间中来供人欣赏。下面以饶阳园诗经台为例解析亭台的施工过程，并展示实景效果。

（1）建筑物定位测量

根据建筑平面图以及坐标点，采用市规划部门提供的坐标点投点不少于三点进行定位放线（图4-2-1）。用经纬仪放出建筑物四边轴线，用直角坐标法以总平面图给出的建筑红线坐标点测出主轴线控制线（图4-2-2）。

> 图4-2-1　定位放线

> 图4-2-2　放线

（2）基坑（槽）土方开挖与回填

基坑（槽）土方开挖采用反铲挖掘机挖装（图4-2-3），自卸汽车运输，基底预留30cm人工清基。基坑（槽）回填采用装载机或手推车运土，人工分层回填（图4-2-4），每层填土25～30cm，手扶振动碾压夯实。

（3）基础工程施工

首先在垫层上放出基础地梁轴线及边线，模板采用木模，即由九夹板、木枋组装，木桩固定。钢筋安装就位后，再搭设钢管脚手架供浇注混凝土使用（图4-2-5）。需要特别注意的是，架管不能接触基础模，以避免在施工中晃动导致模板移位。

钢筋现场制作、绑扎。在绑扎过程中，应加强梁筋及柱插筋的定位加固处理，避免造成混凝土浇注时柱筋移位。

> 图4-2-3 基坑（槽）土方开挖

> 图4-2-4 基坑（槽）土方回填

> 图4-2-5 基础地梁支模

（4）框架柱、构造柱模板安装工艺

模板安装程序如下。

① 放线设置定位基线。

② 抹1：3水泥砂浆支承面。

③ 模板分段就位（图4-2-6）。

④ 安装支撑（图4-2-7）。

> 图4-2-6 模板分段就位

> 图4-2-7 安装支撑

⑤ 调直纠偏。

⑥ 全面检查校正。

⑦ 柱墙模群体固定。

⑧ 清除柱墙模内杂物，封闭清扫口。

（5）模板的拆除

① 非承重模板：对于现浇整体结构的非承重模板，应在混凝土强度能保证其表面及其棱角不因拆模而受损时，方可拆除（图4-2-8 ～图4-2-10）。

② 仅承受自重荷载的模板：当现浇结构上无楼层和支架板荷载时，应在与结构同条件养护的试块达到规定的强度后方可拆模。

> 图4-2-8 非承重模板拆除完成

> 图4-2-9   基础拆模完成

> 图4-2-10   拆模完成后进行晾晒

③ 承受上部荷载的模板：对于多层结构连续支模的情况，下层结构承受较大施工荷载时，下层结构的承重模板必须在与结构同条件养护的混凝土试块达到100%设计强度时方准拆除。若施工荷载大于设计荷载，应经验算后加临时支撑。

④ 拆模顺序：模板拆除的顺序应按模板设计的规定执行。若设计无规定时，应采取先支的后拆、后支的先拆，先拆非承重模板后拆承重模板，先拆侧模后拆底模，以及自上而下的拆除顺序。

⑤ 模板拆除由项目技术负责人根据混凝土试压报告，签《拆模通知书》并规定拆模方式后，才能拆除模板及其支撑。混凝土试压报告应是现场同条件养护中具有代表性的试件的抗压资料。

（6）钢筋工程

本工程钢筋采用现场集中制作加工、现场绑扎和焊接安装方法组织施工。钢筋入场时应做好钢材的抽检工作。

现场施工时按规范及设计要求进行绑扎安装，并作为主体结构关键工序加以控制（图4-2-11、图4-2-12）。

> 图4-2-11   钢筋绑扎

> 图4-2-12   钢筋绑扎完成

（7）墙体砌筑

① 墙（或砖砌体）砌筑应上下错缝，内外搭砌，灰缝平直，砂浆饱满，墙砌筑水平灰缝宽度和竖向灰缝宽度一般为10mm，不应小于8mm，也不应大于12mm（图4-2-13）。

② 砌块在砌筑前一天应浇水湿润，湿润砌块含水率宜为10%～15%；不得即时浇水淋砌块，即时使用。根据皮数杆下面一层砌块的标高，用拉线或水准仪进行抄平检查。

③ 如砌筑一皮砌块的水平灰缝厚度超过20mm，先用细石混凝土找平，严禁砌筑砂浆中掺碎砖找平，更不允许采用两侧砌砖、中间填心找平的方法。

> 图4-2-13　基础墙体砌筑

（8）框架结构搭建

在基础施工完成后，开始搭建诗经台结构框架（图4-2-14、图4-2-15），应注意模板的搭建要严格按照《建筑工程质量管理条例》（2019年修订）执行。

（9）墙体砌筑

见图4-2-16。

> 图4-2-14　搭建结构框架

> 图4-2-15　搭建基础框架

> 图4-2-16　墙体砌筑

（10）搭建楼梯

见图4-2-17～图4-2-20。

> 图4-2-18　台阶基础支模

> 图4-2-17　台阶外围墙体砌筑

> 图4-2-19　台阶基础布筋

> 图4-2-20 "诗经台"种植池台阶实景

（11）石雕安装

石雕文字为篆体，由黄锈石整体雕刻而成。用防水材料将诗经台外侧做好防水处理（图4-2-21），再利用力学原理及胶将"经文"固定（图4-2-22）。

> 图4-2-21 防水处理

> 图4-2-22 石雕"经文"安装

（12）实景展示

见图4-2-23、图4-2-24。

> 图4-2-23　饶阳园诗经台实景（1）

> 图4-2-24　饶阳园诗经台实景（2）

4.3　人工湖建造及实景效果

水景是园林设计中的一个重要元素，是人们生活和娱乐休闲活动中必不可少的景观。自古以来，人们就把水景作为环境景观的中心，早在秦汉时期就形成了"一池三山"的布局模式，并一直影响着后世园林山水的发展。这里以武强园拢音湖为例进行水景工程建造过程及实景效果展示。

（1）放线

按照人工湖设计的高程并结合驳岸放线平面图，取驳岸的最高等高线和最低等高线对驳岸及湖底进行放线（图4-3-1）。

> 图4-3-1　基础放线

（2）基础开挖

用水准仪按照设计标高向下多挖50cm，对驳岸放坡采用小型挖掘机挖够尺寸，然后人工进行细部平整精修。对于湖底大面积的平面，则用推土机结合水准仪进行推平整理。

（3）夯实

用压路机对湖底进行振实，对压路机压不到的地方则用蛙式打夯机、气夯及人工夯实（图4-3-2），密实度必须达到设计要求。

（4）支模浇筑

按照设计要求的高程及范围将素土面夯实整平，并支好模板。浇筑前，模板及素土面应保持湿润，但不得有积水（图4-3-3）。

> 图4-3-2　人工夯实　　　　　　　　　　　> 图4-3-3　支模浇筑

（5）铺设防水层（土工膜、土工布）

见图4-3-4。

> 图4-3-4　土工膜、土工布铺设

（6）挡土墙砌筑

见图4-3-5、图4-3-6。

> 图4-3-5　挡土墙砌筑过程

> 图4-3-6　挡土墙砌筑完成

（7）堆砌太湖石驳岸

驳岸处可用太湖石料构筑。太湖石属于石灰岩，多为灰白色，少有黄色、青黑色。石灰岩长期经受波浪的冲击以及含有二氧化碳的水的溶蚀，在漫长的岁月里，逐步形成经大自然精雕细琢、形状怪异多变、曲折圆润的太湖石。

图4-3-7、图4-3-8所示为施工人员在堆砌太湖石驳岸。

> 图4-3-7　堆砌太湖石驳岸（1）

> 图4-3-8 堆砌太湖石驳岸（2）

（8）"梅花桩"制作

见图4-3-9。

> 图4-3-9 "梅花桩"制作

（9）实景效果

见图4-3-10、图4-3-11。

> 图4-3-10 "拢音湖"实景（1）

> 图4-3-11 "拢音湖"实景（2）

4.4 亲水区建造及实景效果

亲水区是园林景观设计的又一个重点。这里以武强园"踏水听琴"建造过程为例进行说明。

展园在亲水休闲区增设特色人造雾装置系统，雾浓似云海般缥缈，云起云聚，雾淡如轻纱拂面，与湖面、景石、植物相互映衬，柔美之极。整个展园因此显得更加具有神秘感。游园者漫步在六弦桥之上，伴着六弦桥发出的奇妙旋律，宛如身处仙境一般（图4-4-1、图4-4-2）。下面具体讲解其建造过程。

> 图4-4-1 武强园"踏水听琴"实景（1）

> 图4-4-2   武强园"踏水听琴"实景（2）

（1）开槽

根据图纸定位进行开槽（图4-4-3），注意事项如下。

> 图4-4-3   "踏水听琴"开槽

① 应当严格按照施工图纸进行定点放线，并撒上白灰或钉木桩以确定范围。

② 人工挖基坑时，操作人员之间要保持足够的安全距离，一般应大于2.5m；多台机械开挖时，挖土机的间距离应大于10m。挖土要自上而下，逐层进行，严禁先挖坡脚的危险作业。

③ 在开挖之前应明确地下是否有管线经过，防止破坏管线，造成损失。

（2）绑筋支模

对基础进行绑筋支模（图4-4-4），注意事项如下。

① 灰土垫层夯实度在达到相关规定要求之后，方可以继续施工。

② 混凝土的垫层厚度应当严格按照施工图纸的要求进行施工。

③ 先绑扎基础钢筋并预留梁、柱的预埋筋，然后浇注基础混凝土，待基础混凝土达到50%强度后进行梁、柱钢筋的绑扎。

④ 钢筋安置前要认真审核图纸，并设一名专职的有经验的钢筋施工员负责钢筋工程的制作，以及绑扎工作。

⑤ 经监理工程师等相关人员对钢筋骨架进行检查同意后，进行支模板施工。本次施工采用拼装钢模。

⑥ 模板支撑要牢固，不能跑模，板缝应严密不漏浆。当模板高度大于垫层厚度时，要在模板内侧弹线，控制垫层的高度。模板支好之后，检测模内尺寸及高程，达到设计要求之后方可浇筑、振捣。

（3）基础浇筑，模板拆除

基础浇筑（图4-4-5、图4-4-6）完成后，拆除模板，注意事项如下。

> 图4-4-4 "踏水听琴"绑筋支模

> 图4-4-5 "踏水听琴"基础浇筑

> 图4-4-6　"踏水听琴"基础浇筑完成

① 采用流态混凝土。施工过程中严格控制混凝土的质量。

② 混凝土浇注前应对模板、支架、钢筋、预埋件进行细致检查，并做好记录。钢筋上的泥土、油污、杂物应清除干净。经检验合格后再进行下一道工序。

③ 混凝土采用罐车运输，泵车浇注。搅拌时应严格按配合比进行，泵送混凝土坍落度要求15～18cm。混凝土每30cm厚振捣一次，振捣以插入式振捣器为主，要求快插慢拔，既不能漏振，也不能过振。振捣棒不能直接振捣钢筋及模板。

④ 拆模：混凝土强度达到70%方可拆除模板。

（4）墙体砌筑

进行墙体砌筑（图4-4-7），要点如下。

① 墙体平整度、垂直度要符合验收规范要求，灰缝厚度也应符合要求（8～12mm）。砌筑时，要拉水平线和吊垂线（门窗边），控制好墙体的平整度、垂直度，同时要注意灰缝收口的质量，确保墙体表面观感良好。

② 灰缝要饱满、水平，不得有透明缝、通缝、盲缝。特别是外墙，水平缝和垂直缝都要饱满，禁止出现透明缝和盲缝。

③ 多孔砖要提前一天浇水，砌筑时应保证多孔砖湿润。做到工完场清，不可浪费材料。

> 图4-4-7　墙体砌筑

（5）整体绑筋支模、浇筑

对整体进行绑筋绑扎（图4-4-8），并进行浇筑（图4-4-9）。注意事项如下。

① 模板质量务必符合相关规范。

② 框架柱采用覆膜养护，拆模后应及时用塑料薄膜和胶带纸将柱子封闭，应保持薄膜内有凝结水。

> 图4-4-8　绑筋绑扎

> 图4-4-9　浇筑完成

4.5　景观小品建造及实景效果

在很多景观项目中，往往都会有景观小品设计，比如装置、雕塑、壁画、水车、风车、座椅、指示牌等，用来点缀景观空间，突出景观特色。

4.5.1　装置建造及实景效果

亲水是人的天性，除了建造人工湖，现代园林还可以建造一些水景装置，让人与水产生互动，增进赏游之趣。

图4-5-1、图4-5-2展示了武强园水景装置——流水幕墙的实景效果。

下面具体对该水景装置的施工过程进行解说。该工程采用了刚性结构水池即钢筋混凝土水池施工技术，池底和池壁均配有钢筋，因此寿命长、防渗性好，适用于大部分水池。

钢筋混凝土水池的施工过程可分为：材料准备→池面开挖→池底施工→浇筑混凝土池壁→混凝土抹灰→试水等。下面对几个重要步骤进行解析。

> 图4-5-1 流水幕墙实景（1）

> 图4-5-2 流水幕墙实景（2）

（1）根据设计图纸定点放线

① 放线时，水池的外轮廓应包括池壁厚度。为使施工方便，池外沿各边加宽50cm，用石灰或黄沙放出起挖线，每隔5～10m（视水池大小）打一个小木桩，并标记清楚（图4-5-3）。

② 方形（含长方形）水池，直角处要校正，并最少打三个桩；圆形水池，应先定出水池的中心点，再用足够长的线绳以该点为圆心、水池宽的一半为半径（注意池壁厚度）画圆，用石灰标明，即可画出圆形的轮廓。

> 图4-5-3　定点放线

（2）基池开挖

目前挖土方的方式分为人工挖土方和人工结合机械挖土方两种，可以根据现场施工条件来确定挖方的方法。开挖时一定要考虑池底和池壁的厚度（图4-5-4）。

如果是下沉式水池，应做好池壁的保护，挖至设计标高后，池壁应整平并夯实，再铺上一层碎石、碎砖作为底座。如果池壁设置有沉泥池，应在池底开挖的同时施工。

（3）池底施工

混凝土池底的水池，如果形状比较规整，50m内可不做伸缩

> 图4-5-4　基池开挖

缝。如果形状变化较大，则在其长度约20m处于断面狭窄处做伸缩缝。一般池底可根据景观需要，进行色彩上的渲染，如粘贴彩色瓷砖等，以增加美感。

混凝土池底施工过程如下。

① 依据情况进行处理。如基土稍湿且松软，可在其上铺厚10cm的碎石层，并加以夯实，然后浇筑混凝土垫层（图4-5-5）。

② 混凝土垫层浇完隔1 ~ 2天（视施工时温度而定），在垫层面测量确定地板的中心，然后根据设计尺寸进行放线，定出柱基一级底板的边线，画出钢筋布线，根据放线绑扎钢筋（图4-5-6），接着安装柱基和底板外围的模板。

③ 在绑扎钢筋时，应当详细检查钢筋的直径、间距、位置、搭接长度、上下层钢筋的间距、保护层及预埋件的位置和数量，看其是否符合设计要求（图4-5-7）。

> 图4-5-5 池底浇筑混凝土垫层

> 图4-5-6 根据放线绑扎钢筋

> 图4-5-7 绑扎钢筋检查

上下层钢筋均应采用铁掌（铁马凳）加以固定，使其在浇捣过程中不易发生变化。如钢筋过水后生锈，应当进行除锈。

（4）池壁施工

人造水池一般采用垂直形池壁。垂直形的优点是池水降落后，不至于在池壁淤积泥土，同时易于保持水面的洁净。

垂直形池壁可用砖石或水泥砌筑，用瓷砖、罗马砖等作为饰面，拼成图案加以装饰。

① 混凝土浇筑池壁的施工技术。

A.做水泥池壁尤其是矩形钢筋混凝土池壁时，应先做模板加以固定，一般池壁厚度为15～25cm，当矩形池壁较厚时，内外模可在钢筋绑扎完毕后一次立好。

B.浇捣混凝土时，操作人员应进行模内振捣，并应用串筒将混凝土灌入，分层浇捣。矩形池壁拆模后，应将外露的止水螺栓头割去。

C.底板应一次性连续浇完，不留施工缝。施工的间歇时间不得超过混凝土的初凝时间，如果混凝土在运输过程中产生初凝或离析现象，应在现场进行二次搅拌后才可入模浇捣。

② 池壁施工要点。

A.水池施工时所用的水泥标号不得低于425号，水泥品种应优先选用普通硅酸盐水泥，不宜采用粉煤灰硅酸盐水泥和火山灰质硅酸盐水泥。所有石子的最大粒径不宜大于40mm，吸水率不宜大于1.5%。

B.固定模板用的铁丝和螺栓不宜直接穿过池壁。当螺栓或套管必须穿过池壁时，应采取止水措施。常见的止水措施有：a.螺栓（图4-5-8）加焊止水环（图4-5-9），止水环应满焊，环数应根据池壁厚度来确定；b.套管加焊止水环，在混凝土中预埋套管时，管外侧应加焊止水环，管中穿螺栓，拆模后将螺栓取出，套管内用膨胀水泥砂浆封堵；c.螺栓加堵头，支模时，在螺栓两侧加堵头，拆模后，应将螺栓沿平凹坑底割去角，用膨胀水泥砂浆封塞严密。

C.浇注池壁混凝土的时候，应连续施工，一次浇注完毕，不留施工缝。

D.池壁有密集管群穿过预埋件或钢筋稠密处浇注混凝土有困难时，可采用相同抗渗等级的细石混凝土浇注。

E.浇注混凝土完毕后，应立即进行养护，并保持充分湿润。养护时间不得少于14天，拆模时池壁表面温度与周围气温温差不得超过15℃。

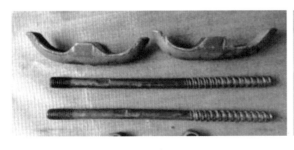

> 图4-5-8 螺栓

> 图4-5-9 止水环

③ 混凝土砖砌筑池壁施工技术。

A.用混凝土砖砌筑池壁可大大简化混凝土施工的程序，但混凝土砖一般只适用于古典风格或设计规整的池塘。混凝土砖10cm厚，结实耐用，常用于池塘的建造；用混凝土砖砌筑池壁的好处是，池壁可以在池底浇筑完工后的第二天再砌。

B.要趁池底混凝土未干时，将边缘处拉毛，池底与池壁相交处的钢筋要向上弯伸入池壁，以加强结合部的强度，钢筋要伸到混凝土砌体的池壁后或池壁中间。

4.5.2　景观小品建造及实景效果

接下来以饶阳园葡萄架为例，展现与植物造景相关的景观小品的建造过程。

本项目中的葡萄架采用了防腐木。这是一种新型的建筑材料，不仅表面美观，可防腐、防虫、防水，并且结实、体轻、加工功能性强、寿数长、节能环保，常用在花园、天台、阳台装饰中，给人以质朴、新鲜、天然、温馨的感受。

饶阳园葡萄架施工过程：采购选料→加工木柱、木枋和角钢→对半成品进行防腐基础处理→核查半成品→现场放线定位→安装角钢→对预埋件（包括柱形杯口基础）检查和处理→安装木柱及木枋→对半成品进行防腐处理→刷防腐面漆。下面对其中关键环节进行重点介绍。

（1）选料

组织设计建设单位、监理单位对木材市场、产地实地考察确定供货单位，签订供货合同。组织责任心强、经验丰富、技术好的木工团队，对供货单位仓库的库存材料进行筛选，选择的材质要质地坚韧、材料挺直、比例匀称、无霉变、无裂缝、色泽一致、干燥。

> 图4-5-10　榫卯结构安装

> 图4-5-11　螺栓固定

（2）加工制作

木工放样应按设计要求的木料规格，逐根对榫穴、榫头划墨，画线必须正确。操作人员应按要求分别加工制作，榫要饱满，眼要方正，半榫的长度应比半眼的深度短2～3mm（图4-5-10）。

（3）木花架安装

安装前要预先检查木花架制作的尺寸、螺栓的位置（图4-5-11），对成品加以检查，进行校正规方。如有问题，应事先修理好。预先检查固定木花架的预埋件的埋设是否牢固，预埋位置是否准确等。

（4）安装木柱及防腐木网格

先在素混凝土上垫层确定好各木柱的安装位置线及标高。间距应满足设计要求。将木柱放正、放稳，并找好标高，按设计要求的方法固定（图4-5-12）。

> 图4-5-12　木柱安装

把钉斜向钉入防腐木支柱，钉长为额枋厚度的1～1.2倍。固定完之后及时清理干净。木材的材质和铺设时的含水率必须符合木结构工程施工及验收规范的有关规定。

（5）刷防腐面漆

木制品及金属制品必须在安装前按规范进行半成品防腐基础处理，安装完成后立即进行防腐施工（图4-5-13）。若遇雨雪天气必须采取防水措施，不得让半成品受淋至湿，更不得在湿透的成品上进行防腐施工，要确保成品防腐质量合格。

> 图4-5-13　刷防腐面漆

成品保护如下。

① 木作材料和半成品进现场后，经检验合格，应码放在室内，分规格码放整齐，使用时轻拿轻放，不可以乱扔乱堆，以免损坏棱角。

② 施工时，在木枋上操作的人员要穿软底鞋，且不得在木柱和木枋上敲砸，防止损坏面层。

③ 施工中注意环境温度、湿度的变化，竣工前要为木花架覆盖塑料薄膜，防止半成品受潮。

设计时应注意的问题如下。

① 综合考虑园林景观所在地区的气候、地域条件、植物特性以及花架在园林中的功能作用等因素。

② 应注意比例尺寸。廊架本身是一件艺术品，在绿荫遮掩下更能突出它的优美姿态，即便是秋季落叶时节，也应注意比例尺寸、选材和必要的装修。廊架体型不宜太大，太大了不易做得轻巧，太高了不易荫蔽而显空旷，应尽量接近自然。花架的柱高不能低于2m，也不要高出3m，廊宽也要在2～3m之间。

③ 花架的造型不可刻意求奇，否则会喧宾夺主，冲淡花架植物造景的作用，但可以在线条、轮廓、空间组合的某一方面有独到之处，以形成一个优美的主景花架。

④ 花架的四周一般都较为通透开敞，除了做支持的墙、柱外，没有围墙门窗。花架的上下两个平面也不一定要求对称或相似，可以自由伸缩交叉，相互引申，使花架置身于园林之内，融汇于自然之中。

（6）葡萄架实景

见图4-5-14、图4-5-15。

> 图4-5-14　饶阳园葡萄架实景（1）

> 图4-5-15 饶阳园葡萄架实景（2）

4.6 其他实景效果

4.6.1 展园其他实景效果

图4-6-1～图4-6-7展示了园林景观设计中常见的其他实景。

> 图4-6-1 饶阳园"曲廊"实景

> 图4-6-2　饶阳园
"琵琶新语"实景

> 图4-6-3　饶阳园次入口实景

> 图4-6-4　武强园"音破云天"实景

> 图4-6-5 武强园次
> 入口实景

> 图4-6-6 武强园
> 展馆实景

> 图4-6-7 武强园
> 透雕景墙实景

4.6.2　居住区活动区及泳池周边实景效果

图4-6-8～图4-6-18展示了居住区活动区和泳池周边的实景。

> 图4-6-8　楼间廊架实景

> 图4-6-9　楼间航拍实景

> 图4-6-10 楼间无障碍铺装实景

> 图4-6-11 楼间小径铺装实景

> 图4-6-12 泳池周边实景

> 图4-6-13 泳池实景

> 图4-6-14 泳池周边细节实景（1）

> 图4-6-15 泳池周边细节实景（2）

> 图4-6-16　小区植物细节实景

> 图4-6-17　植物组团实景

> 图4-6-18　植物效果实景

课后实训与思考

1.整理所在地周边的优秀园林景观，拍摄实景照片，要求像素清晰，并配上文字说明。

2.对身边感兴趣的一处园林景观尝试进行改造设计，加入自身设计理念，强化设计意识。

参考文献

[1] 佩尔·施密特，等.景观分析——发掘空间与场所的潜力[M].罗丹，彭琳，译.北京：中国建筑工业出版社，2022.

[2] 吕桂菊.景观设计方法与实例[M].北京：中国建材工业出版社，2022.

[3] 巴里·W.斯塔克，约翰·O.西蒙兹.景观设计学——场地规划与设计手册[M].朱强，等译.北京：中国建筑工业出版社，2019.

[4] 刘滨谊.现代景观规划设计[M].南京：东南大学出版社，2010.

[5] 沈守云.现代景观设计思潮[M].武汉：华中科技大学出版社，2009.

[6] 陈玲玲.景观设计[M].北京：北京大学出版社，2012.

[7] 余斌.基于地域文化的园林景观小品设计研究[D].福州：福建农林大学，2013.